游乐设施

Safe Operation and Management of Amusement Facilities

安全操作与管理

刘小畅　主编

U0313135

湖南大学出版社·长沙

内 容 简 介

全书内容包括概述、基础知识、安全操作要求、安全管理要求、应急救援处置等；附录部分列举了近年全国发生的大型游乐设施典型事故案例，节选了《人型游乐设施作业人员考试大纲》相关内容，以及列出了游乐设施常用的安全标志。

本书为大型游乐设施操作人员取证上岗的必备教材，亦可作为大型游乐设施运营使用单位安全管理的培训教材，以及大型游乐设施检验人员的入门参考书。

图书在版编目（CIP）数据

游乐设施安全操作与管理/刘小畅主编 . —长沙：湖南大学出版社，2022.5
ISBN 978-7-5667-2452-6

Ⅰ. ①游… Ⅱ. ①刘… Ⅲ. ①游乐场—设施—安全管理
Ⅳ. ①TS952.8

中国版本图书馆 CIP 数据核字（2022）第 009233 号

游乐设施安全操作与管理
YOULE SHESHI ANQUAN CAOZUO YU GUANLI

主　　编：刘小畅
责任编辑：张建平
印　　装：长沙市宏发印刷有限公司
开　　本：787 mm×1092 mm　1/16　　印　张：11.75　字　数：250 千字
版　　次：2022 年 5 月第 1 版　　　　　印　次：2022 年 5 月第 1 次印刷
书　　号：ISBN 978-7-5667-2452-6
定　　价：38.00 元

出 版 人：李文邦
出版发行：湖南大学出版社
社　　址：湖南·长沙·岳麓山　　　邮　　编：410082
电　　话：0731-88822559（营销部），88820006（编辑室），88821006（出版部）
传　　真：0731-88822264（总编室）
网　　址：http://www.hnupress.com
电子邮箱：574587@qq.com

前 言

随着国民经济的不断发展，人们在满足物质生活的同时，对精神文化生活提出了更高要求，与之而来，全国各地主题乐园、大型游乐场、嘉年华等如雨后春笋般拔地而起。随着科学技术的进步，现代游乐设施充分运用了机械、电、光、声、水力等先进技术，集惊险性、知识性、趣味性、科学性于一体，并向更高、更快、更刺激的方向发展，由此深受广大青少年、儿童的喜爱。

游乐设施的安全运行，与设备操作人员的操作技能、安全意识、紧急处置能力等密不可分。根据国家相关法律法规，大型游乐设施操作人员需要经考核合格后持证上岗。本书是专门针对大型游乐设施操作人员的上岗培训编写的教材。本书涵盖了《大型游乐设施作业人员考试大纲》中理论知识的全部内容，包括概述、基础知识、安全操作要求、安全管理要求、应急救援处置等；附录部分列举了近年全国发生的大型游乐设施典型事故案例，节选了《大型游乐设施作业人员考试大纲》相关内容，以及列出了游乐设施常用的安全标志。

全书涉及知识广泛，内容充实丰富，由浅入深，通俗易懂。本书为大型游乐设施操作人员取证上岗的必备教材，亦可作为大型游乐设施运营使用单位安全管理的培训教材，以及大型游乐设施检验人员的入门参考书。

本书由刘小畅任主编，李传磊、王玮阳、沈杰、张宇光为副主编，施鸿均、姚俊、欧阳惠卿、王嘉舜、俞逸希、周奇、许兆宇、王晨、陈梁胜、张鹏塈、高飞参与编写。全书由缪正荣统稿、刘小畅校稿。编写过程中得到了上海杨浦区太平洋进修学校的大力支持，在此一并表示感谢！

限于编者的知识面和编写水平，书中难免有疏漏之处，敬请读者批评指正，以帮助我们改进和完善。

编 者
2021 年 7 月

目　次

第一章 概 述

　　游乐设施是游乐园（场）必备，用于经营目的，在封闭的区域内运行，承载游客游乐的载体。随着科学的发展，社会的进步，现代游乐设施充分运用了机械、电、光、声、水、力等先进技术，集知识性、趣味性、科学性、惊险性于一体，深受广大青少年、儿童的喜爱，对丰富人们的娱乐生活，锻炼人们的体魄，陶冶人们的情操，美化城市环境，发挥了积极的作用。

一、国外游乐设施的起源与发展

　　世界上最早的游乐设施出现在欧洲。当时老百姓为了庆祝丰收，在类似集市上进行庆典活动，产生了早期的游乐设施——人力推动的儿童转椅，后来逐渐演变成为经久不衰的"旋转木马"（Merry-go-round），到了 1837 年维也纳博览会上出现了"木马骑乘"。美国的游乐设施制造历史较为悠久。1900 年，世界上第一家游乐设施专业制造公司——美国艾利桥公司诞生。但是，其迅速发展是从 20 世纪 50 年代开始的。1955 年 7 月建成的美国洛杉矶迪士尼乐园（图 1-1），使人们开拓了游乐设施制造的新思路，游乐园（场）发生了质的变化，游乐设施制造业也得到了空前的快速发展，这是社会物质文明和工业水

图 1-1　迪士尼主题乐园

平发展到一定阶段的产物。

国外的游乐业发展经历了从单一游乐设施放置在公园，发展到建游乐场（园），再发展到建主题乐园的过程。大型游乐设施的设计制造是由固定基础的设备发展到现代可移动式的设备。游乐园又可简单地分为两种，一种是带有文化内容的主题乐园，其典型的模式为"迪士尼"乐园，另一种是以游乐设施为主的游乐园（场），有室外的，也有室内的，如德国的海德公园，韩国的"乐天"等。现代主题乐园往往以一种文化为主线贯彻游乐的全过程，以这种文化的典型人物或动物来吸引游客合影、娱乐，以动画故事或神话故事组成彩车游行队伍供游客欣赏，以故事内容为背景布置游乐设施供乘客乘骑游玩，以典型风格建筑、烟火晚会、各种表演供游客观赏，等等，将观赏、娱乐、刺激融为一体，使游客得到无比快乐的享受。自 1955 年至今，据不完全统计，世界各地已建成 100 多个大型游乐园（场）。其中"迪士尼"乐园就有 6 个，美国 2 个，日本 1 个，法国 1 个，中国上海和香港各 1 个。这些大型游乐园成功的经营和发展，使得全世界范围内掀起了一轮建造主题乐园的热潮，游乐业得到不断的发展。

几乎与主题乐园出现的同时，一种独特的临时游乐园（场）也在欧美掀起，即狂欢活动——"嘉年华"活动，以满足不同地区、不同季节、不同时段、不同场合人们娱乐的需要，也为经营商获得较好的经济利益。为了满足"嘉年华"活动的需要，移动式游乐设施便诞生和发展，这推动了游乐设施制造业的发展。现代"嘉年华"活动很灵活，它可结合当地风土人情、风味、活动的主题，将游乐设施、游戏博彩、舞台表演、风味小吃等组合在一起，利用夜间灯光、音响的效应制造狂热气氛，加上特别的经营方式——无门票，以币代钱，吸引了很多游客来此娱乐和狂欢。20 世纪 60 年代至 80 年代，"嘉年华"活动在欧美各地达到高潮，至今，每逢重大节假日，举办"嘉年华"活动在国外一些大中城市是必不可少的项目。80 年代后"嘉年华"活动逐渐向日本、韩国、泰国、新加坡、马来西亚等亚洲国家，迪拜、也门等中东地区，以及澳大利亚等发展。"嘉年华"活动形式的临时游乐园（场）是主题乐园的补充。

国外游乐设施生产企业主要分布在美国、德国、意大利、英国、法国、荷兰、瑞士等国家。他们开发创新能力较强，生产技术先进，产品惊险刺激。每个厂家各有所长。知名的一些公司有美国的普雷米尔、艾利桥、阿隆、SS；意大利的赞培拉、法博利、摩梭、SDC；德国的胡斯、麦克；瑞士的 B&M、因塔明；荷兰的威克玛、孟代尔等。

二、国内游乐设施的产生与发展

我国游乐业起步较晚，20 世纪 80 年代前，现代大型游乐设施在我国几乎是一片空白。往前可追溯到 1951 年由北京机械厂设计制造，安装在北京中山公园的电动小乘椅，可能是我国的第一台游艺机。

从 80 年代开始，随着国家的改革开放，国民经济迅速发展，人民生活水平不断提高，大家对游乐活动的需求也越来越迫切。在这种形势下，国产游乐设施设计、生产应运而生。1980 年，北京有色冶金设计研究院的一批科研设计人员率先投身到游乐设施的设计行列之中，逐渐开发设计了登月火箭、游龙戏水、自控飞机、转马、空中转椅、架空单轨列车、双人飞天、滑行龙、翻滚过山车等数十种现代游乐设施，填补了国内游乐设施设计、制造的空白。1981 年，我国自行设计制造的第一批现代大型游乐设施安装在大庆儿童公园，受到了广大游客，特别是青少年和儿童的热烈欢迎，国产大型游乐设施的使用由此揭开了序幕。

我国游乐行业的发展如同国外一样，自先在公园里摆放一些小型游乐设施开始，进而发展到建大中型游乐园（场）、主题乐园等。从 20 世纪 80 年代起，北京、上海以及广东等地陆续投资或合资兴建了如"长江乐园""东方乐园""国际游乐园""锦江乐园"等一些专门的游乐园（场）（图 1-2），这些乐园的游乐设施大都是从国外（特别是日本）引进的，这也给我国的游乐设施设计、制造企业提供了不可多得的学习和借鉴的机会。

图 1-2　国内大型游乐园

从那时开始，我国的游乐行业进入了从未有过的发展时期，并逐步发展成了一个朝阳产业。随后，我国先后建起了"苏州乐园""乐满地乐园""北京游乐园"和"石景山游乐园"等大型游乐园（场），以及深圳、北京、上海、成都的"欢乐谷"，芜湖、泰安、青岛、沈阳等地的"方特乐园"，广州长隆的"欢乐世界"，常州的恐龙园、嬉戏谷，成都的"国色天香"，宁波的"凤凰山乐园"，珠海海泉湾的"神秘岛"，大连金石滩的"金石发现王国"等一大批主题乐园；美国的"迪士尼"也先后落户于香港和上海。这些游乐园和主题乐园吸引了众多的游客。在这些主题乐园中，引进了一批更加新颖、刺激的国外先进游乐设施，大大地推动了我国游乐设施制造业的发展，还有不少主题公园在全国各地筹建。这些游乐园、主题乐园的建成，极大地丰富了人民的娱乐活动，推动了社会主义精神文明的建设。

随着游乐行业的发展，我国的游乐设施设计、制造水平也不断提高，制造企业由开始的几家发展到目前的 100 多家，已由沿海地区向内地延伸，专业生产企业已经形成一定的规模，涌现出一些比较知名的设计、制造企业，以及游乐设施产品。如中山金马游艺机有限公司、温州南方游乐设备工程有限公司、北京实宝来游乐设备有限公司、北京九华游乐设备制造有限公司、上海游艺机工程有限公司、中山金龙游艺机工程有限公司等国内比较大的游乐设施生产企业，他们的产品不仅在国内市场占有绝对的份额，而且已经远销欧美、东南亚、中东等国家。我国游乐设施的设计已从仿制走向了自主开发创新的阶段，游乐设施品种也已发展到了 100 多个，从旋转类到滑行类，从有动力到无动力，从固定式到移动式，从地面到空中，从室内到室外，国外有的我们几乎都有了。经过不懈努力，我国游乐行业从无到有，从小到大，从粗到精，从进口到出口，走过了 30 多年的发展路程，已逐步形成了包括设计、制造、管理、使用、维修保养、检测检验和安全监督管理等一整套比较完善的体系，制定了较为完整的法律法规、安全技术规范和标准，各项工作正朝着科学化、标准化、规范化的方向迈进。

据不完全统计，目前，全国各地拥有大大小小的游乐园（场）、主题乐园 1000 多家，占全世界游乐园（场）和主题乐园数量的五分之一左右，其中中型以上的游乐园（场）、主题乐园等有 400 多家。至 2020 年，在用的大型游乐设施（属于特种设备范围）达 2.5 万余台（套），持证的大型游乐设施作业人员 2 万多名。每年参加游乐活动的游客多达几亿人次，年营业收入达到 100 多亿元人民币。

目前，国内主题乐园除了上海迪士尼乐园等国外品牌外，运营管理的参与者主要是国内大型企业。主题乐园作为旅游业的重要组成部分，在我国旅游业持续发展、旅游消费持续升级，以及游客对主题乐园的喜爱不断增加的情况下，市场不断扩大，并造就了一批本土主题乐园的品牌和公司，形成了华侨城集团、长隆集团、宋城演艺、华强文化等多家主题乐园运营管理公司并存发展的局面，我国主题乐园市场进入了快速发展阶段。

主题乐园的快速发展直接带动了游乐设施需求的快速增长。同时，由于主题乐园具有体验效应的特点，其持续运营，需要在建成后不断投入资金更新和增添游乐设施，保证一定的游客重游率，进而促进和提高对游乐设施的更新、升级和发展需求。

随着我国经济快速发展，居民可支配收入的持续增长，游客的消费观念也随之转变和升级，个性化旅游将成为主流。主题乐园因鲜明的主题概念、独特的风光和游乐环境，使游客的体验、互动和参与感增强，从而能够充分满足游客的个性化旅游需求。目前国内主题乐园的消费群体、消费能力和重游率都还比较低，未来随着居民生活水平的不断提高和消费观念的进一步转变，主题乐园消费需求仍有很大的市场。

三、游乐设施法律法规和标准建设

然而，游乐设施一旦发生事故，在给游（乘）客造成身体伤害的同时，还会对广大游客的心理和精神造成特别严重的伤害，引起很恶劣的社会影响。游乐设施的安全涉及人民群众的生命安全和生活质量，关系到社会的稳定。因此在游乐设施迅速发展的同时，我国一贯非常重视游乐设施的安全，并按照国际惯例将游乐设施安全作为公共安全的重要组成部分，建立了安全法律法规和标准体系，纳入法制化管理轨道。根据 2003 年国务院首次颁布实施的《特种设备安全监察条例》，为了确保游乐设施的运营安全，有效控制和降低事故发生率，我国明确将大型游乐设施，与锅炉、压力容器、压力管道、电梯、起重机械、客运索道和厂（场）内专用机动车辆一样，纳入特种设备安全监督管理范围，对游乐设施的安全监管力度不断加强，实行从设计、制造、安装、改造、维修、使用和检验检测等全过程安全监管。我国的游乐设施在发展过程中，相关的法律法规、安全技术规范和标准体系，经历了从无到有、从不完善到基本完善的过程，特别是，自2014年1月1日起施行的《中华人民共和国特种设备安全法》，为游乐设施的安全监督管理提供了法律依据。近年来，我国有关游乐设施安全的法律法规和技术标准已基本形成体系，先后颁布了《大型游乐设施安全监察规定》、TSG 08《特种设备使用管理规则》、TSG Z6001《特种设备作业人员考核规则》等规章和安全技术规范，以及GB 8408《大型游乐设施安全规范》、GB/T34272《小型游乐设施安全规范》等30多项游乐设施方面的国家标准。

通过强化法律法规建设、安全监察、许可管理、检验检测和技术攻关等方面工作，游乐设施重特大事故得到了有效遏制，事故数量也得到了有效控制。游乐设施事故造成的伤亡人数虽然与其他事故相比所占比例极小，但直接关系到人民群众，特别是青少年儿童的安全，领导重视、群众关心、媒体关注，社会敏感度高，社会影响大，事故还会造成公众对社会信任度和安全感的降低。因此，游乐设施的安全始终是社会各方面关注的重点和焦点，也是特种设备安全监察工作的重中之重，一直受到各有关部门和单位的高度重视和关注。

根据我国现行的法律法规和技术标准，把游乐设施划分为：大型游乐设施和小型游乐设施。根据《特种设备目录》的定义，大型游乐设施是指用于经营目的，承载乘客游乐的设施，其范围规定为设计最大运行线速度大于或者等于2m/s，或者运行高度距地面高于或者等于2m的载人大型游乐设施，《特种设备安全监察条例》规定将大型游乐设施纳入特种设备安全监管范围。小型游乐设施是指在公共场所使用，承载儿童游乐的设施，且该设施不属于《特种设备安全监察条例》中规定的大型游乐设施，如滑梯、秋千、摇马、跷跷板、攀网、转椅、室内软体等游乐设施。

随着游乐设施行业的不断发展，我国的有关游乐设施法律法规和技术标准体系也将更加全面和完善，为游乐设施的安全管理和运营起保驾护航的重要作用。

四、游乐设施的发展趋势

随着科学技术的发展，微电子技术、机器人技术等高新科技成果正在逐渐得到广泛的应用，同时国内外游乐设施的科学性、趣味性、刺激性也将越来越突出，主要表现在：

1. 向高空、高速、更具刺激性的方向发展

过山车已不限于座椅式固定车厢，而是向站立式、活动车厢、悬挂座舱式和悬挂吊椅式的方向发展，同时速度更快、高度更高，单台最多的环数可达8环，更具刺激性。此外，各种形式的"蹦极"快速发展。如美国洛杉矶六旗公园的名为"空中飞人"（Drive Devil）的蹦极，类似一个高架秋千，秋千绳装设在高耸的拱形支架上，将游客以俯卧姿势固定在秋千的挡板上，用提升装置将荡板提升到五六十米的高度，然后突

然松开，让游客从高空中俯冲而下，在空中飞速游荡，恰似"空中飞人"；另一个名为"直冲云霄（super man）"的过山车项目更加惊险（图1-3），其结构是一条"L"型的轨道，游客坐在特别设计的车厢里在轨道的水平段加速后，呼啸着冲上高高耸立的垂直轨道，在到达顶端欲冲出轨道前，车速减为零，车辆再沿着轨道垂直下滑回到原点，其惊险、刺激程度远超一般过山车项目。

图1-3　"直冲云霄"过山车

2. 高新技术越来越多地应用于游乐设施

利用如 VR、三维立体成像及投影、激光、网络等高新技术技术，模拟高尔夫、橄榄球等游乐项目，采用了基于计算机图像技术、显示技术和传感技术的所谓 VR 技术，游客将球射向屏幕，与屏幕链接的计算机根据球的落点和入射角计算并在屏幕上描绘出球的运动方向和运动路线以及落点，同时伴有逼真的碰撞声，并计算出得分。这种设施占地面积很小，但真实度很高。而模拟跳伞则是用伞具将游客悬吊在空中，带上显示头盔就会看到自己从高空中冲向地面的情景，通过降落伞的控制绳，可调整降落方向，犹如亲身从空中跳伞一样。

3. 交互式动感仿真系统将成为新的热点

迪士尼乐园设置了一台仿真立体电影，设计者精心匹配了相应的控制技术和各种功能设施，充分调动游客的视、听、嗅等各种感官，增加游客的参与感，舞台演员与屏幕中的演员融为一体，演员时而从舞台重进屏幕，时而又从屏幕冲上舞台；而好莱坞环球影视城里一个模拟航天的动感游乐设备，则是让游客坐在特制的航天车里，车子靠液压装置升空，然后在面前的球形银幕上投影三维太空模拟影像，航天车随着影像的改变不断模拟其中的动作，再配合虚拟音响，使游客有身临其境的真实感觉。

另外，游乐设施正在向个性化、主题化方向发展。随着人们生活水平的提高和娱乐需求的日益多元化，游乐设施所包含的内容也被要求不断丰富，创意及设计对行业发展起到越来越重要的作用。传统游乐设施带给人们的刺激感已经不能完全满足各类消费者需求，未来游乐设施在创意及设计上向个性化、主题化方向发展的趋势逐渐明确。

　　游乐设施应用领域拓展至城市综合体方向。从游乐行业整体发展趋势来看，游乐设施应用领域将不再局限于现阶段的传统游乐场、主题公园等，而是随着城市综合体项目的不断发展，与城市综合体相结合的游乐设施将成为未来的重要市场需求点。

第二章　基础知识

第一节　术语与定义

国家标准 GB 8408《大型游乐设施安全规范》、GB/T 20306《游乐设施术语》和 GB/T 34272《小型游乐设施安全规范》界定了游乐设施的基本名词术语及其定义。

一、基本概念

1. 游乐设施

用于人们游乐（娱乐）的设备或设施。

2. 大型游乐设施

用于经营目的，承载乘客游乐的设施，其范围规定为设计最大运行线速度大于或者等于 2m/s，或者运行高度距地面高于或者等于 2m 的载人大型游乐设施。

3. 大型水上游乐设施

用于经营目的，承载乘员游乐的水上游乐设施，其设计最大线速度大于或等于 2m/s，或者运行高度大于或等于 2m。

4. 小型游乐设施

在公共场所使用，承载儿童游乐的设施，且该设施不属于《特种设备目录》中规定的大型游乐设施，如滑梯、秋千、摇马、跷跷板、攀网、转椅、室内软体等游乐设施。

5. 有动力类游乐设施

具有人力、电力、内燃机或蒸汽等动力驱动，承载乘客进行游乐的设施。

（1）转马类游乐设施

乘人部分绕垂直轴旋转并伴随一定行程的上下起伏及运动形式类似的游乐设施。

（2）陀螺类游乐设施

乘人部分绕可变倾角的轴旋转及运动形式类似的游乐设施。

（3）飞行塔类游乐设施

乘人部分用挠性件吊挂，边升降边绕垂直轴回转及运动形式类似的游乐设施。

（4）自控飞机类游乐设施

乘人部分由刚性支撑臂支撑，绕中心垂直轴回转并独立自控升降及运动形式类似的游乐设施。

（5）观览车类游乐设施

乘人部分绕水平轴回转或摆动及运动形式类似的游乐设施。

（6）滑行车类游乐设施

沿起伏架空的轨道运行，有惯性滑行特征及运动形式类似的游乐设施。

（7）架空游览车类游乐设施

沿架空轨道运行，适用于人力、电力和内燃机等驱动及运动形式类似的游乐设施。

（8）小火车类游乐设施

沿地面轨道运行，由电力、内燃机及其他动力驱动及运动形式类似的游乐设施。

（9）赛车类游乐设施

沿地面指定线路运行及运动形式类似的游乐设施。

（10）电池车类游乐设施

在规定的车场或车道内运行，以蓄电池为电源、电动机驱动及运动形式类似的游乐设施。

（11）碰碰车类游乐设施

在固定的车场内运行，用电力、人力和内燃机动力驱动，车体可相互碰撞的游乐设施。

（12）滑道类游乐设施

用型材或槽型材料制成，呈坡型铺设或架设在地面上，由乘客操纵滑车沿固定线路滑行的游乐设施。

（13）光电打靶类游乐设施

有信号、音响、灯光、数字显示，与机械动作、靶标、射击相互配合及其形式类似的游乐设施。

6. 无动力类游乐设施

本身无动力驱动，由乘客操作或娱乐体验的游乐设施。

（1）蹦极

依靠弹性绳或势能与动能之间相互转化的装置，使乘客在空中产生弹跳、翻滚运动的游乐设施。

（2）滑索

乘客借助滑轮等工具，依靠重力或其他牵引力沿钢丝绳线路下滑的游乐设施。

（3）充气式游乐设施

由柔性织物为主体材料制作，通过一台或多台气模风机持续提供空气供应维持其形状的游乐设施。游玩者在其表面的主要活动为弹跳、滑动、攀爬或交互性玩耍。

（4）空中飞人

将乘客用钢丝绳提升到一定的高度，靠本身势能围绕悬挂点作往返摆动的游乐设施。

（5）系留式观光气球

复合材料制作，双层球胆结构，内部充装氦气，球体在地面上有固定的系留点，球体下部悬吊乘人部分升空观光的游乐设施。

7. 陆上游乐设施

建造在陆地上，主要以机械传动等方式实现游乐的游乐设施。

8. 水上游乐设施

借助水域、水流或其他载体，为达到娱乐目的而建造的水上设施。

9. 空中游乐设施

主要以空中观光为主的游乐设施。

10. 组合式游乐设施

结合两种或两种以上型式的游乐设施。

11. 儿童游乐设施

专门用于儿童游乐的游乐设施。

12. 成人游乐设施

乘客专为成人游乐的游乐设施。

13. 家庭游乐设施

用于儿童游乐，且有成人陪伴的游乐设施。

14. 被动体验式游乐设施

在游乐过程中，乘客和游乐设施之间无互动的游乐设施，如海盗船、过山车等。

15. 主动交互式游乐设施

在游乐过程中，乘客和游乐设施之间存在互动的游乐设施，如碰碰车、光电打靶等。

16. 真实体验式游乐设施

通过游乐设施的机械运动达到游乐体验目的的游乐设施。

17. 虚拟体验式游乐设施

通过视觉、味觉、听觉等其他感官刺激达到游乐目的的游乐设施。

18. 动感影院游乐设施

利用观众乘坐的动感座椅，并与影片内容相互呼应的声、光、电等环境特效的动感影院游乐设施。

19. 固定式游乐设施

安装在固定位置使用的游乐设施。

20. 移动式游乐设施

无专用土建基础，方便拆装、移动和运输的游乐设施。

二、主要参数

1. 乘坐人数

在设备额定条件下，运行过程中同时乘坐乘客的最大数量，对单车（列）乘坐乘客是指相连的一列车同时容纳的乘客数量。

2. 轨道高度

轨道行走面的最高点距轨道支架安装基面最低点之间的垂直距离。

3. 运行高度

乘客约束物支承面（如座位面）距最低运行基准面的最大垂直距离。对无动力类游乐设施，指乘客约束物支承面（如滑道面、吊篮底面、充气式游乐设施乘客站立面）距安装基面的最大垂直距离，其中高空跳跃蹦极的运行高度是指起跳处至下落最低的水面或地面。

4. 回转直径

对绕水平轴摆动或旋转的设备，指其乘客约束物支承面（如座位面）绕水平轴的旋转直径。对陀螺类设备，指主运动做旋转运动，其乘客约束物支承面（如座位面）最外沿的旋转直径。对绕垂直轴旋转的设备，指其静止时座椅或乘客约束物最外侧绕垂直轴为中心所得圆的直径。

5. 速度

游乐设备运行过程中，乘人部分达到的最大线速度。

6. 制动距离

从开始制动到车辆停住为止，车辆所经过的距离。

7. 弹性绳破断拉力

弹性绳拉伸至破断时所承受的拉力。

8. 安全距离

在游乐设施运行（转）过程中，为防止乘客肢体与周围物体触碰发生危险而留出的距离。

9. 使用寿命

游乐设施在规定的使用条件下，完成设计使用期限规定的工作总时间。

三、零部件

1. 乘人部分

在游乐设施中支撑乘客游乐的结构。如吊舱（厢）、座舱（厢）、座椅、车厢、皮筏等。

2. 提升钢丝绳

提升游乐设施乘人部分的钢丝绳。

3. 车辆连接器

两节相邻车辆之间相互连接并能传递牵引力的装置。

4. 转向机构

控制车辆行驶方向的机构。

5. 覆盖物

对车辆（如赛车类、碰碰车类等）的驱动装置、传动部分及车轮加以遮挡的物品。

6. 车轮装置

行走轮、侧轮和底轮装配在同一车轮架上的装置。

7. 行走轮

传递牵引力，驱动车辆运行的车轮。

8. 侧轮

安装在轨道的侧面，承受侧向载荷，防止车辆脱轨或倾翻，并起导向作用的车轮。

9. 底轮

安装在轨道的下面，防止车辆脱轨的车轮。

10. 辅助轨道

安全保障及检修设备用的轨道。

11. 缓冲轮胎

安装在碰碰车车底架四周的充气轮胎，在车辆碰撞时起缓冲作用。

12. 滑道

用管材或槽型材料制成，呈坡形铺设或架设在地面上的引导滑车滑行的装置。

13. 滑车

具有制动装置，利用滑道进行滑行的载人装置。

14. 水滑梯

由水滑道、结构支撑、循环供水系统、出发平台、截留区（或溅落区）、滑行工具等组成，供乘员以水为介质，沿滑道内表面滑行的游乐设施。

15. 水滑道

水滑梯中供乘客滑行的槽、管等。

16. 直线滑梯

滑道纵向中心线的水平投影为直线的滑梯。

17. 曲线滑梯

滑道纵向中心线的水平投影为曲线的滑梯。

18. 封闭式水滑梯

滑道横截面为封闭曲线的滑梯。

19. 敞开式水滑梯

滑道横截面为不封闭曲线的滑梯。

20. 身体滑梯

乘员以身体接触滑道表面滑行的滑梯。

21. 皮筏滑梯

乘员使用水滑梯皮筏滑行的水滑梯。

22. 乘垫滑梯

乘员使用水滑梯乘垫滑行的滑梯。

23. 游船

供乘客娱乐游览用的各种船的总称。

24. 碰碰船

靠动力推进、设有缓冲装置允许相互碰撞的娱乐船。

25. 漂流筏（船）

在漂流探险的河面上，承载乘客的漂流滑行工具。

四、传动装置

1. 机械传动系统

设备中用于传递动力，完成各种预定动作的机械装置。

2. 齿轮传动

由一对或几对齿轮组成，利用两轮轮齿的相互啮合，以传递运动和动力。

3. 链传动

由链条和链轮组成，以传递运动和动力。

4. 皮带传动

由皮带和皮带轮组成，以传递运动和动力，分摩擦传动和啮合传动两类。

5. 销齿轮传动

由一对销齿轮组成，利用小齿轮的齿和大齿轮的销柱相互啮合，以传递运动和动力。

6. 钢丝绳传动

由钢丝绳、绳轮、传动件组成，利用摩擦传递运动和动力。

7. 轮胎传动

利用轮胎和摩擦圈的摩擦传递运动和动力。

8. 提升传动系统

能使游乐设施的乘人部分沿倾斜轨道上升的传动系统。

9. 回转传动系统

能使游乐设施的乘人部分绕其中心轴转动的传动系统。

10. 升降传动系统

能使游乐设施的乘人部分在垂直方向上、下运动的传动系统。

11. 行走机构

使车辆行驶和行走的机构。

12. 周边传动

安装在转盘周边的驱动轮，通过摩擦传动，将动力传递给转盘周边并使其回转。

13. 液压和气动传动

利用液压油或气体来变换或传递能量，以得到连续传动的装置。

五、安全装置

1. 安全防护装置

在安全功能中保护乘客免受现存或即将发生的危害所使用的防护装置或保护器件。

2. 安全带

为保障乘客安全而设置的柔性可锁紧的带状物，一般为高强度扁带状织物。

3. 安全压杠

为保障乘客安全而设置的刚性压紧装置，包括压杠锁紧、棘轮、棘爪、齿条及启闭装置等。

4. 保险装置

对游乐设施易造成乘客不安全的部位设置的补救装置。

5. 限位装置

停止或限制游乐设施某部分运动的装置。限位装置在相应的运动达到极限状态时自动起作用。

6. 防止摆动装置

防止观览车的吊厢摆动的装置。

7. 缓冲装置

用以缓和冲击振动的装置。一般有弹簧、橡胶、液压等缓冲器。

8. 防撞自动控制装置

为了防止在同一轨道线路上同时运行的车辆或船只相碰撞（如疯狂老鼠等），在轨道线路上设置的自动控制的防撞装置。

9. 拦挡物

乘人部分进出口如无法设置门时，为保障乘客安全而设置的拦挡措施。

10. 止逆行装置

为防止滑行车类游乐设施在提升段发生车辆逆行而设置的棘爪、挡块等装置。

11. 安全栅栏

防止人员直接进入运转区或限制区域，保障人员安全的围栏，以及防止乘客从滑道侧面滑出而设置的安全栅栏。

12. 电气型安全防护装置

通过机械装置、电子、电器元器件配合，达到规定安全防护功能的装置。

13. 机械型安全防护装置

通过机械装置达到规定安全防护功能的装置。

14. 紧急制动装置

当游乐设施处于非正常工作情况时，能迅速动作，实现规定安全功能的制动装置。

15. 断绳保护装置

当钢丝绳破断时，能保证乘客人身安全的装置。

16. 护栏

用于防止使用者跌落的与运动方向平行的杆子。

17. 围栏

用于防止使用者跌落和穿过的装置。

注：其他游乐设施安全防护装置的相关定义可参见第二章第三节的内容。

六、电气控制

1. 可靠接地

经足够低的阻抗并有足够大的载流量的接地系统永久地和大地连接，使可能发生的接地故障电流不能产生危及人身安全的电压。

2. 频繁起动

每小时起动数十次以至数百次。

3. 乘客容易接触

安全距离小于 0.3m 或高度低于 2.3m。

4. 集电器

一种传递电力的装置。包括支架、滑环、碳刷等。

5. 紧急事故按钮

当发生紧急情况时，通过快速按下此按钮达到安全保护的措施。

七、使用管理

1. 运营使用单位

从事游乐设施日常经营管理的，向市场监督管理部门办理使用登记的企业、个体工商户。

2. 安全管理负责人

负责本单位游乐设施安全使用的高层管理人员。

3. 安全管理人员

从事游乐设施安全管理的专职人员。

4. 作业人员

从事游乐设施操作、修理的人员。

5. 运营服务人员

为游乐设施运营提供服务的人员，如站台服务人员和验票人员。

6. 乘客

任何正在进入、使用或离开游乐设施的人员。

7. 水滑梯服务人员

接受过有关法律法规、标准、规范、滑道操作、设备或设施紧急处理等专业技能培训，承担引导、指导、发送乘员，并且控制乘员进入和离开水滑道等设备或设施的工作人员。

8. 改造

通过改变主要受力部件、主要材料、设备运动形式、重要几何尺寸或主要控制系统等，致使游乐设施的主体结构、性能参数发生变化的活动。

9. 维护保养

通过设备部件拆解，进行检查、系统调试、更换易损件，但不改变游乐设施的主体结构、性能参数的活动，以及日常检查工作中紧固连接件、设备除尘、设备润滑等活动。

10. 修理

通过设备部件拆解，进行更换或维修主要受力部件，但不改变游乐设施的主体结构、性能参数的活动。

11. 重大修理

通过设备整体拆解，进行检查、更换或维修主要受力部件、主要控制系统或安全装置功能，但不改变游乐设施的主体结构、性能参数的活动。

12. 试运行

对游乐设施以检查、性能测试和数据收集为目的的运转。

13. 安全警示标识

设置在设施入口公众视线范围内的安全信息指示牌，用于告知乘客限制、警告和指导等信息。

14. 疏导乘客

高空游乐设施在运行过程中，因故突然停止并危及乘客安全时，乘客可及时安全离开乘人部分，回到安全之处的措施。

15. 防护措施

用于降低风险的方法。

16. 危险源

可能导致人身伤害的根源、状态和活动，或根源、状态和活动的组合。

17. 风险评估

风险分析和风险评定合称风险评估，是对危险发生的可能性和后果度量的过程。

18. 应急救援

针对突发、具有破坏力的紧急事件采取预防、预备、响应和恢复的活动与计划。

19. 应急救援预案

对可能发生的事故，为迅速、有序地开展应急行动而预先制定的行动方案。

20. 应急救援演练

根据预案内容，通过应急救援仿真演练平台，模拟各类事故现场及人机操作，更清楚地了解在事故发生时应如何处置，并从演练中找到预案需要改进的地方，以及锻炼各相关人员的应对突发事故的能力。

第二节 分类、分级和基本特点

大型游乐设施（以下简称游乐设施）为什么要分类呢？这与制定游乐设施标准有关，因为游乐设施种类繁多，其结构及运动形式各不相同，不可能每种游乐设施都制定一个标准，而是把结构及运动形式类似的游乐设施划为一类，按类制定标准。因为，游乐设施的分类，主要根据其结构及运动形式划分的，即把结构及运动形式类似的游乐设施划为一类，而不是按游乐设施的名称划分。每类游乐设施用一种常见的有代表性的游乐设施名字命名，该游乐设施为基本型。如："转马类游乐设施"，"转马"即为基本型，与"转马"结构及运动形式类似的游乐设施均属于"转马类"。

原国家质检总局于 2014 年 10 月修订了《特种设备目录》（国质检锅 [2014] 114号），把游乐设施分为表 2-1 所示的类别和品种，同时规定了设备代码。

表 2-1　游乐设施分类表

代　码	类　别	品　种
6100	观览车类	
6200	滑行车类	
6300	架空游览车类	
6400	陀螺类	
6500	飞行塔类	
6600	转马类	
6700	自控飞机类	
6800	赛车类	
6900	小火车类	
6A00	碰碰车类	
6B00	滑道类	
6D00	水上游乐设施	
6D10		峡谷漂流系列
6D20		水滑梯系列
6D40		碰碰船系列
6E00	无动力游乐设施	
6E10		蹦极系列
6E40		滑索系列
6E50		空中飞人系列
6E60		系留式观光气球系列

　　根据《特种设备目录》，以游乐设施的运动形式和结构原理相类似为原则，把游乐设施划分成 13 个类别，分别是：观览车类、滑行车类、架空游览车类、陀螺类、飞行塔类、转马类、自控飞机类、赛车类、小火车类、碰碰车类、滑道类、水上游乐设施和无动力类游乐设施类等。

　　本节内容主要根据《特种设备目录》中游乐设施的分类，分别介绍每个类别游乐设施的运动特点及其包含的品种。

一、游乐设施分类

　　1. 观览车类游乐设施

　　主要运动特点：乘人部分绕水平轴回转或摆动及运动形式类似的游乐设施。

　　示例：摩天轮、大风车、海盗船、阿拉伯飞毯、大摆锤、波浪翻滚、遨游太空、狂呼等。见图 2-1～图 2-6。

图 2-1 魔术风车

图 2-2 摩天轮

图 2-3 海盗船

图 2-4 大摆锤

图 2-5 阿拉伯飞毯

图 2-6 波浪翻滚

2. 滑行车类游乐设施

主要运动特点：沿起伏架空的轨道运行，有惯性滑行特征及运动形式类似的游乐设施。

示例：各种过山车、疯狂老鼠、金龙滑车、自旋滑车、激流勇进、矿山车等。见图 2-7～图 2-12。

图 2-7　过山车

图 2-8　金龙滑车

图 2-9　自旋滑车

图 2-10　旋转迪斯科

图 2-11　疯狂老鼠

图 2-12 激流勇进

3. 架空游览车类游乐设施

主要运动特点：沿架空轨道运行，由人力、电力和内燃机等驱动及运动形式类似的游乐设施。

示例：高架脚踏车、空中列车、儿童爬山车等。见图 2-13～图 2-15。

图 2-13 太空漫步

图 2-14 空中列车

图 2-15 儿童爬山车

4．陀螺类游乐设施

主要运动特点：乘人部分绕可变倾角的轴旋转及运动形式类似的游乐设施。

示例：陀螺、双人飞天、勇敢者转盘、飞身靠壁等。见图2-16～图2-18。

图 2-16　双人飞天

图 2-17　勇敢者转盘　　　　　　　　　图 2-18　飞身靠壁

5．飞行塔类游乐设施

主要运动特点：乘人部分用挠性件吊挂，边升降边绕垂直轴回转及运动形式类似的游乐设施。

示例：摇头飞椅、观览塔、青蛙跳、探空飞梭、高空飞翔等。见图2-19～图2-22。

图 2-19　青蛙跳　　　　　　　　　　　图 2-20　探空飞梭

图 2-21 摇头飞椅

图 2-22 高空飞翔

6. 转马类游乐设施

主要运动特点：乘人部分绕垂直轴旋转并伴随一定行程的上下起伏及运动形式类似的游乐设施。

示例：转马、咖啡杯、浪卷珍珠等。见图 2-23～图 2-25。

图 2-23 转马

图 2-24 双层转马

图 2-25 咖啡杯

7. 自控飞机类游乐设施

主要运动特点：乘人部分由刚性支撑臂支撑，绕中心垂直轴回转并独立自控升降及运动形式类似的游乐设施。

示例：自控飞机、猴子爬杆、星球大战等。见图2-26、图2-27。

图2-26　自控飞机

8. 赛车类游乐设施

主要运动特点：沿地面指定线路运行及运动形式类似的游乐设施。

示例：小赛车、小跑车等。见图2-28。

图2-27　猴子爬杆　　　　　　　　**图2-28　小赛车**

9. 小火车类游乐设施

主要运动特点：沿地面轨道运行，由电力、内燃机及其他动力驱动及运动形式类似的游乐设施。

示例：小火车等。见图2-29。

图 2-29 小火车

10. 碰碰车类游乐设施

主要运动特点：在固定的车场内运行，由电力、人力及内燃机动力驱动，车体可相互碰撞的游乐设施。

示例：有天网碰碰车、无天网碰碰车等。见图 2-30、图 2-31。

图 2-30 有天网碰碰车

图 2-31 无天网碰碰车

11. 滑道类游乐设施

主要运动特点：用型材或槽型材料制成，呈坡型铺设或架设在地面上，由乘客操纵滑车沿固定线路滑行的游乐设施。

示例：槽式滑道、管轨式滑道、电动滑道等。见图 2-32～图 2-34。

12. 水上游乐设施（包括：峡谷漂流系列、水滑梯系列、碰碰船系列）

主要运动特点：借助水域、水流或其他载体，为达到娱乐目的而建造的水上设施。

示例：水滑梯、峡谷漂流、碰碰船等。见图 2-35～图 2-37。

图 2-32　槽式滑道

图 2-33　管轨式滑道

图 2-34　电动滑道

图 2-35　水滑梯

图 2-36 峡谷漂流

图 2-37 碰碰船

13. 无动力类游乐设施（包括：蹦极系列、滑索系列、空中飞人系列、系留式观光气球系列）

主要运动特点：本身无动力驱动，由乘客操作或娱乐体验的游乐设施。

示例：各种蹦极、滑索、空中飞人、系留式观光气球等。见图 2-38～图 2-41。

图 2-38 滑索

图 2-39 高空蹦极

图 2-40 空中飞人

图 2-41 系留式观光气球

二、游乐设施的分级

原国家质检总局 2003 年 6 月发布的《游乐设施安全技术监察规程（试行）》中对游乐设施进行了分级——主要根据设备设施的危险程度，综合考虑其高度、摆角、倾角、速度、回转直径、乘坐人数等主要技术参数，将规定纳入安全监察范围的游乐设施划分为 A、B、C 三级。

2007 年 6 月原国家质检总局以国质检特函（2007）373 号文对游乐设施的分级进行了调整，缩小原 A 级设备范围，提高原 B 级设备分级上限参数，原 C 级设备范围不变，游乐设施的分级方法见表 2-2。

按照规定，对 A、B 级游乐设施实行设计审查和型式试验制度，对 C 级游乐设施进行型式试验。A 级游乐设施的监督检验和定期检验由国家特种设备检验检测机构负责；B、C 级游乐设施的监督检验和定期检验由省（市）特种设备检验检测机构负责。

表 2-2　游乐设施分级表

类　别	主要运动特点	型　式	主要参数		
			A 级	B 级	C 级
观览车类	绕水平轴转动或摆动	观览车系列	高度≥50m	50m＞高度≥30m	其他
		海盗船系列	单侧摆角≥90°或乘客≥40 人	90°＞单侧摆角≥45°且乘客＜40 人	
		观览车类其他型式	回转直径≥20m或乘客≥24 人	单侧摆角≥45°且回转直径＜20m且乘客＜24 人	
滑行车类	沿架空轨道运行或提升后惯性滑行	滑道系列	滑道长度≥800m	滑道长度＜800m	无
		滑行车类其他型式	速度≥50km/h或轨道高度≥10m	50km/h＞速度≥20km/h且 10m＞轨道高度≥3m	其他
架空游览车类		全部型式	轨道高度≥10m或单车（列）乘客≥40 人	10m＞轨道高度≥3m且单车（列）乘客＜40 人	其他
陀螺类	绕可变倾角的轴旋转	全部型式	倾角≥70°或回转直径≥12m	70°＞倾角≥45°且 12m＞回转直径≥8m	其他
飞行塔类	用挠性件悬吊并绕垂直轴旋转、升降	全部型式	运行高度≥30m或乘客≥40 人	30m＞运行高度≥3m且乘客＜40 人	其他
转马类	绕垂直轴旋转、升降	全部型式	回转直径≥14m或乘客≥40 人	14m＞回转直径≥10m且运行高度≥3m且乘客＜40 人	其他
自控飞机类					

续表

类　别	主要运动特点	型　式	主要参数		
			A 级	B 级	C 级
水上游乐设施	在特定水域运行或滑行	全部型式	无	高度≥5m或速度≥30km/h	其他
无动力游乐设施	弹射或提升后自由坠落（摆动）	滑索系列	滑索长度≥360m	滑索长度<360m	无
		无动力类其他型式	运行高度≥20m	20m>运行高度≥10m	其他
赛车类、小火车类、碰碰车类、电池车类	在地面上运行	全部型式	无	无	全部

表中参数含义如下。

乘客：指设备额定满载运行过程中同时乘坐乘客的最大数量。对单车（列）乘客是指相连的一列车同时容纳的乘客数量。

高度：对观览车系列，指转盘（或运行中座舱）最高点距主立柱安装基面的垂直距离（不计算避雷针高度；以上所得数值取最大值）。对水上游乐设施，指乘客约束物支承面（如滑道面）距安装基面的最大竖直距离。

轨道高度：指车轮与轨道接触面最高点距轨道支架安装基面最低点之间垂直距离。

运行高度：指乘客约束物支承面（如座位面）距安装基面运动过程中的最大垂直距离。对无动力类游乐设施，指乘客约束物支承面（如滑道面、吊篮底面、充气式游乐设施乘客站立面）距安装基面的最大竖直距离，其中高空跳跃蹦极的运行高度是指起跳处至下落最低的水面或地面。

单侧摆角：指绕水平轴摆动的摆臂偏离铅垂线的角度（最大 180°）。

回转直径：对绕水平轴摆动或旋转的设备，指其乘客约束物支承面（如座位面）绕水平轴的旋转直径。对陀螺类设备，指主运动做旋转运动，其乘客约束物支承面（如座位面）最外沿的旋转直径。对绕垂直轴旋转的设备，指其静止时座椅或乘客约束物最外侧绕垂直轴为中心所得圆的直径。

滑道长度：指滑道下滑段和提升段的总长度。

滑索长度：指承载索固定点之间的斜长距离。

倾角：指主运动（即转盘或座舱旋转）绕可变倾角轴做旋转运动的设备，其主运动旋转轴与铅垂方向的最大夹角。

速度：指设备运行过程中座舱达到的最大线速度，水上游乐设施指乘客达到的最大线速度。

三、游乐设施的基本特点

游乐设施种类繁多，结构复杂，熟悉和掌握游乐设施的基本结构特点、运动形式，以及工作原理，对于游乐设施的操作人员，以及安全管理人员来说是必不可少的知识。

下面主要按分类介绍几种典型游乐设施的基本结构特点、运动形式及工作原理。

（一）观览车类游乐设施

1. 观览车（亦称摩天轮）

大型观览车（见图 2-42）通常是一个城市、一个景点的地标建筑和"摇钱树"游乐项目，转盘绕水平轴缓慢转动，乘客坐在座舱中，随轮盘一起慢慢地往上转，在距离天空最近的那一处，俯瞰整个城市之美。摩天轮转盘的旋转速度一般为 15～18m/min，以便在不停机的情况下，乘客能够比较方便地上下。1893 年，美国工程师乔治·华盛顿·盖尔·费里斯为芝加哥世界哥伦比亚博览会专门设计和建造了世界上最早的摩天轮，如今摩天轮的高度最高已达到 260m。

图 2-42　摩天轮

摩天轮一般由驱动装置、立柱、转盘、吊厢、站台等组成，如图 2-43 所示。

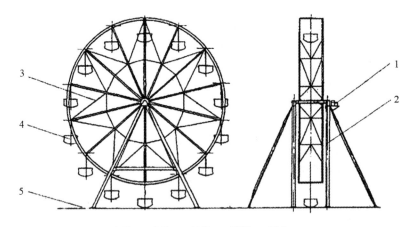

1.主轴　2.立柱　3.转盘　4.吊厢　5.站台

图 2-43　观览车的主要结构示意图

（1）主轴

主轴是整个摩天轮的旋转中心，也是承载转盘自重及外载荷的重要受力支撑。主轴一般由主承载结构、轴承、轴承座等组成，通常可分为主体旋转型、主体固定型及悬臂型。

（2）立柱

立柱是支撑整个摩天轮的建筑机械结构，转盘、座舱自重和所受的各种外力通过主轴经立架将荷载传递到设备基础上。

（3）转盘

转盘是摩天轮的主要运动部件，也是安装乘人吊厢（座舱）的承载体。转盘通过钢构件或缆索与主轴连接，并支撑在主轴上，转盘的重量及所受外载荷，通过与主轴相连的钢构件或缆索把力传递给主轴。转盘的外圈通常安装有座舱支架，还有滚道（驱动装置作用在滚道上推动转盘转动），因此转盘外圈除满足强度外还应有足够的刚度——转盘在旋转过程中应无过大的摆动，以保证滚道与驱动轮的偏差在允许范围内。

摩天轮转盘结构通常可分为全桁架式、全缆索式、组合式（支撑梁＋缆索）三种型式。

（4）吊厢

吊厢是承载乘客抵达高空享受观光游乐体验的重要载体。为保证乘坐过程中的安全，摩天轮座舱除应有足够的强度，通风良好，与地面通讯、警示标志与广播等基本功能与设施齐备，同时座舱的门应设有从内部不能打开的两道锁紧装置。

（5）站台

站台是提供人员行走的支撑平台，因此要求平台牢固可靠，另外，站台与吊厢进出口的高度差应不大于300mm，以方便乘客上下。

（6）驱动装置

驱动装置是摩天轮运转的动力源，现代摩天轮大都采用机械驱动方式，通过摩擦轮压紧滚道面同时驱动转盘转动。摩擦轮通常由液压马达或"电动机＋减速机"带动，与滚道面之间的压紧力则由压紧装置提供。由于转盘存在制造与安装偏差，驱动装置应具备一定的补偿能力，以提供稳定的驱动力。此外，驱动装置还应设有可靠的制停机构，以保证突发情况下能够及时将摩天轮停下。

为了解决在突然停电的情况下，能够及时疏散乘客的问题，大、中型观览车一般都配置备用发电机或其他备用电源，以供应急之用。

2. 海盗船

海盗船（图2-44）是一种观览车类游乐设施，乘客座舱绕水平轴往复摆动，名称来自进口的游乐设施，因船上有一个"海盗"造型作为装饰，故而得名。它在运行时使乘客仿佛航行在惊涛骇浪的大海之中，忽而冲上浪尖，忽而跌落谷底，给乘客带来惊险和刺激。

海盗船一般由图2-45所示部分组成。

海盗船的运动方式为往复摆

图2-44 海盗船

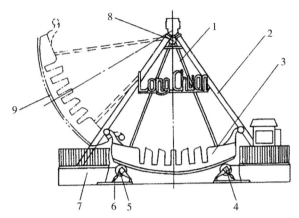

1.吊挂装置　2.支柱　3.船体　4.传动装置　5.摩擦轮
6.油缸　7.站台　8.吊挂轴　9.摩擦轨道

图 2-45　海盗船的主要结构示意图

动，摆动角度一般在 40～60°之间，速度在 400m/min 左右，传动方式通常采取摩擦传动。

船体 3 的下部有摩擦轨道 9，摩擦轮 5 紧紧地压在轨道上，靠摩擦轮的正反回转，实现船体的往复摆动。当运动要停止时摩擦轮不再转动，靠它与轨道之间的摩擦力起到制动作用，最后使船体缓慢停止。

（二）滑行车类游乐设施

1. 过山车

过山车（图 2-46）有"游艺机之王"的美称，种类繁多。在过山车兴起的早期，只有传统的木质过山车。今天，过山车家族已经有约 30 多个品种，包括金属过山车、木质过山车、悬挂式过山车、竖立式过山车，以及穿梭式过山车等。过山车在运行过程中产生的加速度、离心力和失重感会使乘客感到惊险、刺激和兴奋，从中体验极限的乐趣。

图 2-46　过山车

过山车一般由滑行轨道、立柱、列车、提升系统、制动系统、电气系统等部分组成（见图2-47）。

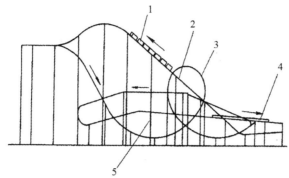

1.列车　2.轨道提升段　3.轨道立环　4.站台　5.轨道立柱

图2-47　过山车的主要结构示意图

（1）轨道的组成

大型惯性翻滚过山车，轨道长度一般都在400m以上，由提升段、立环（1个或2个，甚至3个）、螺旋环、直线段、曲线段等组成封闭轨道，轨道用无缝钢管制成。

（2）列车的组成

列车一般由5节以上车厢组成，车厢由车辆连接器连在一起，任一方向均可活动。列车车轮系统由行走轮、侧轮和底轮组成，将列车牢牢地控制在轨道上，不会倾翻或出轨，过立环时也不会因向心力不能平衡其质量而坠落。

（3）立柱

由钢结构组成，根据轨道的走向结构各不相同，有的对轨道起支撑作用，有的对轨道起吊挂作用，有的是龙门架，有的是人字架。

（4）提升系统

①链式提升系统。主要由驱动装置、链条、链盒组件、张紧装置、防倒退装置组成，通过轨道高低产生的自惯性或助推器驱动列车，使列车从站台运行至提升段轨道底部并挂上提升链条，链条驱动装置驱动链条，将列车从提升段轨道底部提升到轨道最高点，然后释放让列车沿轨道惯性滑行。

②发射式提升系统。该系统主要为发射装置，发射装置由电机、储能飞轮、减速机、离合器、钢丝绳组件、制动器等组成。列车从站台段沿轨道进入发射位置，飞轮随直流电机作高速转动，存储大量的能量，离合器结合后飞轮经过减速机带动钢丝绳轮，钢丝绳轮靠摩擦力驱动固定在单根闭环钢丝绳上的发射小车，小车推动列车以较高的加速度起动，列车达到设定最高速度后发射机构的离合器断开，飞轮动能减少，列车动能增加；离合器从动端制动后由复位电机带动反转，直至发射小车回复至初始位置；同时飞轮在直流电机带动下重新加速至设定速度，准备下一次发射。列车冲上轨道最高点后沿轨道自由滑行。

③摩擦轮提升系统。摩擦轮提升系统主要在提升轨道安装批量驱动装置，驱动装

置由电机和驱动轮组成。当列车从站台驱动进入提升轨道，电机转动，电机的输出轴带动驱动轮，通过两侧驱动轮旋转及驱动轮与列车上摩擦板之间的摩擦力推动摩擦板运动，从而带动列车向提升顶端行走。

（5）制动装置

①助推器制动。通常助推器位于站台、刹车区与维修区，可用于驱动列车，可用于辅助制动，使列车停靠到指定的位置。

②气动制动装置。每一个制动装置都配备有单独的气罐和气压控制板。电磁阀控制制动装置。当制动装置压力降低时，气罐储存的高压空气会进行补充，以确保所有的制动装置关闭。在每一个制动装置的供气管路上都安装有压力开关，在正常运行时，制动装置在常通气控阀的低压作用下关闭，此时电磁阀不动作，制动装置在每个刹车段内均能将车刹死；如动作电磁阀将使刹车打开，列车顺轨道滑回站台。

③电磁制动装置。由两块大磁块组成，当列车经过电磁制动装置时，电磁制动装置两侧磁块通过磁力吸附列车上的制动板，使列车缓慢降速。

（6）电气系统

通常由主电控柜和操作控制台组成，主电控柜内置各种大功率电气控制元件和开关，控制电动机的启、停及调速；操作控制台面板上分布各种按钮和指示灯，内部安装中小功率控制元件和电气开关，方便操作控制设备运转。

列车的运行看起来眼花缭乱，实际上原理很简单，它靠提升链条把列车提升到最高点，得到势能，下滑过程中，势能转化为动能，一路快速滑行，经下滑段、立环、螺旋环等回到站台。

2. 疯狂老鼠

疯狂老鼠（图2-48）属于滑行车类多车滑行车系列游乐设施，车辆沿高架轨道依靠惯性，一辆接一辆从高到低高速运行，犹如一只只老鼠正在疯狂追逐，使乘客在游玩中得到欢乐。

图 2-48　疯狂老鼠

疯狂老鼠一般由图 2-49 所示部分组成。

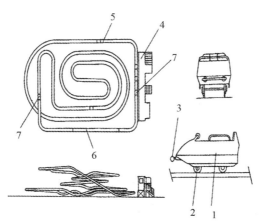

1.车体 2.车轮 3.缓冲装置 4.站台 5.轨道 6.轨道提升段 7.制动装置

图 2-49 疯狂老鼠的主要结构示意图

车辆不运行时，靠制动装置 7 使车辆停在站台 4 处。车辆要运行时，松开制动装置，因轨道有一定的坡度，车辆便滑行到提升段 6 处。提升段设有牵引链条，而车体 1 上有挂钩，当挂钩勾住链条销轴时，车辆便被牵引上去，到达最高点脱钩后，靠所获得的势能，沿坡形轨道一路快速滑行，直到终点，最高速度可达 40km/h。沿轨道全程一般设有三道制动装置，以防止互相碰撞。车体前后方还均设有缓冲装置 3，以防止撞车时可能对乘客伤害。车轮系统 2 由行走轮、侧轮和底轮组成，它们将车体牢牢地控制在轨道上，不会发生倾翻或出轨等危险。

（三）架空游览车类游乐设施

1. 高架观光列车

高架观光列车（图 2-50）沿架空轨道行驶在游乐园（场）里，时而穿过树林；时而跨越河流，乘客可以坐在车厢内欣赏周围美丽的景色，享受轻松愉快。

图 2-50 高架观光列车

高架观光列车一般由图 2-51 所示部分组成。

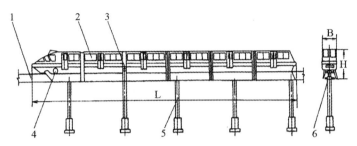

1.轨道　2.车厢　3.车厢连接器　4.传动装置　5.立柱　6.车轮系统

图 2-51　空中列车的主要结构示意图

高架观光列车的轨道一般为箱型结构，宽 300mm，高 500mm 左右。列车一般由 4～6 节车厢组成，车厢间通过连接器连接。轨道高度大都在 4m 以上。

根据车厢数的多少，配备传动装置，大都在 2 套以上，行走轮在传动装置的驱动下，带动列车运行，速度一般在 10km/h 左右，大都采用直流电机，速度可调，并设有效的制动装置。列车在轨道两侧，装有上下两排侧面导向轮，以防列车倾翻或出轨。

2. 架空游览车

架空游览车类游乐设施的最早品种就是高架脚踏车（或称高架自行车），其传动方法与自行车类似，由乘客脚踏慢慢骑行。因运行时居高临下，可浏览周围美好风景，故名架空游览车。现在已经开发出可人力驱动，也可电力驱动的架空游览车（如太空漫步等）（图 2-52）。

图 2-52　架空游览车

高架脚踏车由图 2-53 所示部分组成。

高架脚踏车一般为无动力，由乘客自行驱动，两名乘客分别驱动传动装置 4（用脚踏），通过链轮和链条传动，使行走轮运转。轨道 2 两侧各有两组侧导向轮，以防车体倾翻。轨道长度视场地情况而定，一般在 200m 以上，其高度为 2～3m。

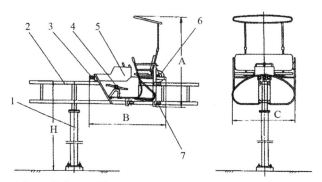

1.立柱　2.轨道　3.缓冲装置　4.传动装置　5.车体　6.行走轮　7.侧导向轮

图 2-53　高架脚踏车的主要结构示意图

（四）陀螺类游乐设施

1. 双人飞天

双人飞天（图 2-54）是一种很受青少年和儿童欢迎的陀螺类游乐设施，在运转时，乘客乘坐的座席会来回急剧上升或下降，使乘客可以尽情领略因重力变化而被抛到空中的新鲜感觉。

图 2-54　双人飞天

双人飞天一般由图 2-55 所示部分组成。

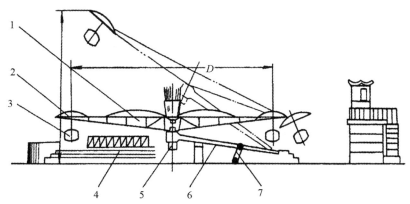

1.回转盘　2.吊挂装置　3.座席　4.站台　5.传动装置　6.升降臂　7.升降油缸

图 2-55　双人飞天的主要结构示意图

回转盘 1 安装在升降臂 6 的端部，由传动装置 5 驱动其回转，同时升降油缸 7 推动升降臂上升，当升到一定角度时即停止，此时回转盘处于倾斜状态（见双点划线部分），座席在向心力的作用下，向外甩开，并在空中进行忽高忽低的运转，因每个座席均可乘坐两人，故命名为"双人飞天"。

2. 空中飞舞（亦称极速风车）

空中飞舞（图 2-56）由自由臂、回转盘、回转臂和升降臂构成三维空间，是多种运动形式组合的游乐设施；通过液压系统支撑油缸将设备整体升高，随着回转盘、回转臂正反旋转，以及由自由臂又在重力作用下作无规律性自由旋转，使乘坐在自由臂座舱上的乘客在空中作上下、前后、左右、快慢、正反等"无序"翻滚，座舱的复杂运动，使乘客犹如在空中飘忽

图 2-56　空中飞舞

不定地飞舞，体验天翻地覆的感觉，是一项刺激性极强、青少年十分喜爱的游乐设施项目。

空中飞舞一般由图 2-57 所示部分组成。

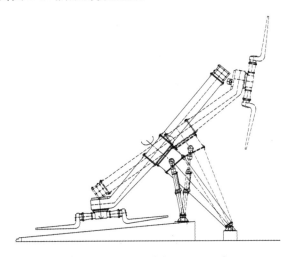

图 2-57　空中飞舞的主要结构示意图

支腿通过铰接支座按一定的角度铰接在地面基础上，它的前端腰部位置通过液压油缸支撑，油缸的伸缩可使支腿上仰。

回转臂通过回转支承与支腿联结起来，液压系统通过液压马达和齿轮带动回转支承旋转，从而使回转臂能在空中做圆周回转运动；并且有快慢变化的正反变换转动，以增加强烈刺激感。

回转盘通过回转支承与回转联结，自由臂通过各自的回转支承与回转盘联结，回转盘通过液压马达经齿轮传动带动回转支承做正反和快慢变化的圆周运动，从而使各个自由臂作整体的旋转运动（公转）；由于乘客自重的重心（包括座位的重心）偏离自由臂回转中心，而且自由臂又是无动力自由回转（自转），所以自由臂在空中回转时，始终有使乘客头朝上的趋势；通过回转臂和回转盘的旋转及自由臂的自由旋转（自转），使乘客在空中做"无序"翻滚运动。

（五）飞行塔类游乐设施

1. 飞行塔（亦称高空飞翔）

飞行塔（图 2-58）是一种座椅用挠性件（钢丝绳、链条等）吊挂的，旋转带升降的游乐设施，随着转盘转动，座椅会由于离心力的作用飞旋起伏，乘客犹如在空中飞翔，又如在大海航行，乐趣无穷。特别是，近些年开发的飓风飞椅（又称摇头飞椅），很受年轻人的喜爱。

图 2-58　飞行塔

飞行塔一般由图 2-59 所示部分组成。

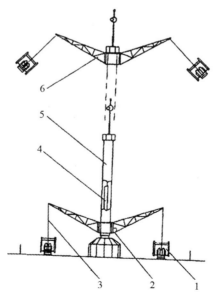

1.吊挂乘坐物　2.旋转传动装置　3.吊挂件

4.升降传动装置　5.塔架　6.回转臂

图 2-59　飞行塔的主要结构示意图

吊挂乘坐物 1 通过吊挂件 3 吊挂在回转臂 6 上，在回转臂靠近塔架 5 处，装有旋转传动装置，在它的驱动下，几个连在一起的回转臂，绕塔架回转。在回转的同时，升降传动装置可使回转臂上升或下降。回转大都采用机械传动，而升降则采用液压传动。

2. 摇头飞椅

摇头飞椅（图 2-60）是用挠性件把座椅吊挂在转伞架上，通过传动机构旋转塔架，在旋转的同时，液压升降装置使转伞架上座舱整体作上升和下降以及变换倾角运动，来回升降，乘客犹如坐降落伞般在天空飞翔飘荡，感受惊心动魄；加上吸引游客的飞行外观造型和音响，该项目是一项较刺激、适合青少年的游乐项目。

图 2-60　摇头飞椅

摇头飞椅一般由图 2-61 所示部分组成。

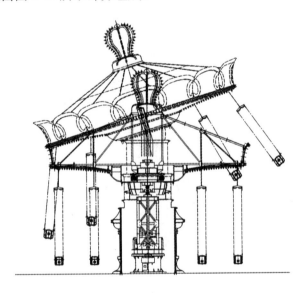

图 2-61　摇头飞椅的主要结构示意图

摇头飞椅运行是通过传动机构和支撑机架带动转伞架旋转，在转伞架上采用挠性连接方式吊挂座椅，在支撑机架上的液压升降装置作用下，转伞架的滑行架沿导向弯轨运动，使座椅在升降过程作倾斜的旋转运动。

（六）转马类游乐设施

1. 浪卷珍珠（亦称爱情快车）

浪卷珍珠（图2-62）在旋转运行时，随着音乐和灯光的变换，乘客的座舱自身会摆动，起起伏伏，趣味无穷。

图2-62　浪卷珍珠

浪卷珍珠由图2-63所示部分组成。

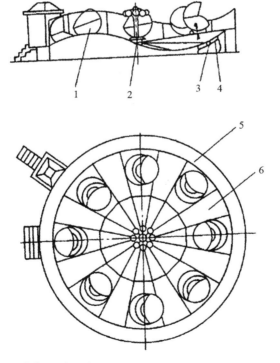

1.座舱　2.中心轴　3.传动装置　4.轨道　5.站台　6.扇形板

图2-63　浪卷珍珠的主要结构示意图

该游乐设施在回转盘的下面，有波浪式起伏的轨道4及周边传动装置3，传动装置一般有 4～5 套，在它的驱动下，实现回转盘的回转运动。回转盘由多个扇形板 6 组成，互相之间用铰链连接，每块扇形板上都有一个支承轮，在起伏轨道上运动。扇形板会不断变换倾斜方向，在乘客及座舱重心的作用下，座舱会围绕本身的轴心快速摆动或回转。因座舱造型为球形（形似珍珠），又装在不断起伏的扇形板上（形似浪涛），故名"浪卷珍珠"。

2. 转马

转马是传统游乐项目，又叫旋转木马（图 2-64），由传动机构带动转盘绕垂直中心轴旋转，转盘上的乘骑模仿骏马同时做起伏跳跃运动，目前游乐园（场）有单层转马和双层转马两种，配备壮观而华丽的外观造型，马匹及马车具有丰富的装饰，伴随音乐、灯饰，使乘客感受逼真骑马上下跳跃感受，是一种运行平稳、老少皆宜的游乐设施。

图 2-64 转马

转马一般由图 2-65 所示部分组成。

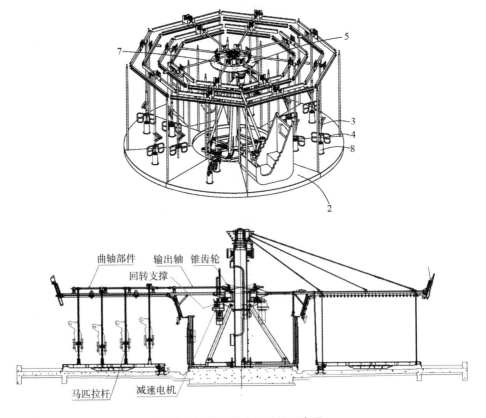

图 2-65 转马的主要结构示意图

转马运行是通过传动机构的圆柱齿轮副带动转盘绕中心轴旋转，实现转盘上以马为主题的乘骑做旋转运动，在乘骑旋转运动的同时，传动机构通过曲轴带动转盘上的乘骑作上下起伏运动。

（七）自控飞机类游乐设施

1. 自控飞机

自控飞机（图 2-66）是游乐园（场）内经常可见的游乐设施，座舱多为飞机造型，在旋转的同时，可由乘客自己操作控制上升或下降，仿佛翱翔在蓝天，很受小朋友们的喜欢。

图 2-66　自控飞机

自控飞机一般由图 2-67 所示部分组成。

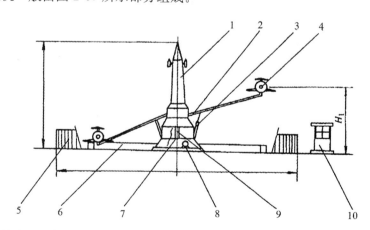

1.外壳　2.回转臂　3.支撑油缸　4.飞机　5.安全栅栏　6.站台　7.底座　8.传动装置　9.中心立柱　10.操作室

图 2-67　自控飞机的主要结构示意图

该游乐设施由回转和升降两种运动形式组成。回转运动大都用机械传动（也有用液压传动），传动装置安装在地面的基础上。飞机 4 的升降一般都采用气动传动（也有用液压），用支撑油缸 3 推动回转臂 2，使飞机上升或下降。因为其升降大都由乘客自己来进行操作，所以起名为"自控飞机"。

2. 章鱼

章鱼游乐设施因有五个臂向周围弯曲张开，形似章鱼，因此得名"章鱼"（图2-68）。游玩时，乘客会体验到公转和自转、上升和下降的复合运动，就像一只大章鱼畅游在汹涌澎湃的大海之中。

图2-68　章鱼

章鱼一般由图2-69所示部分组成。

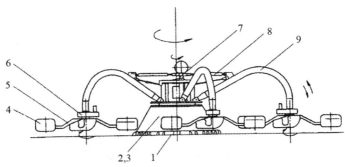

1.站台　2.席座　3.大回转传动装置　4.座舱　5.小回转臂
6.小回转传动装置　7.偏心轴　8.拉杆　9.大回转臂

图2-69　章鱼的主要结构示意图

该游乐设施一共有五个大回转臂，它们都安装在整机的回转盘上，由大回转传动装置3使其回转。另外，每个大回转臂（9）上还有一套小回转传动装置（6），由它通过小回转臂5，带动座舱4回转。在设施的上部还有一个偏心轴7，它与整机中心线偏置一段距离，在它回转过程中，拉动拉杆8，使大回转臂上升和下降。概括起来，该游乐设施是三种运动方式的组合，即：座舱绕整机中心轴线大回转；在大臂端部进行小回转；随大臂作上升和下降运动。该游乐设施的传动方式大多采用液压传动。

(八) 赛车类游乐设施

小赛车 (图 2-70) 由发动机提供动力, 车辆设有脚踏制动和油门, 车的前后设有防撞缓冲装置, 方向盘操作十分简便, 乘客可以在设有安全防护措施的专用车道上, 自由自在地亲自操纵赛车, 享受驾驶乐趣, 借此学习驾驶技能, 还可以参与富有刺激的赛车运动, 是青少年十分喜爱的游乐项目。

图 2-70　小赛车

小赛车一般由图 2-71 所示部分组成。

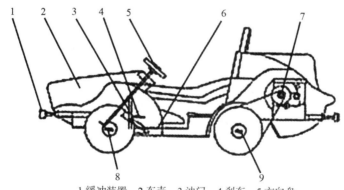

1.缓冲装置　2.车壳　3.油门　4.刹车　5.方向盘
6.车架　7.传动机构　8.前轮　9.后轮

图 2-71　小赛车的主要结构示意图

小赛车运行一般是通过电机驱动 (也有汽油发动机提供动力), 经减速机和链轮传动机构带动车轮转动, 赛车设有驾驶方向盘, 还有油门和刹车踏板, 乘客配戴安全带在专用车道上自行驾驶。

(九) 小火车类游乐设施

电动小火车 (图 2-72) 由电机驱动, 火车外观设计古今结合、别致新颖, 满足乘客乘坐火车的体验，在游乐园（场）固定的轨道上行驶，路轨两旁多为原野场景设计，模拟火车声音伴随车辆运行，沿途尽览自然风光，是少年儿童及其家长十分喜欢的游乐项目。

图 2-72　小火车

小火车一般由图 2-73 所示部分组成。

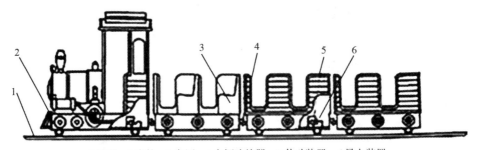

1.轨道　2.车轮　3.车厢　4.车辆连接器　5.传动装置　6.导电装置

图 2-73　小火车的主要结构示意图

电动小火车运行是以带电路轨通过导电装置提供电源给车厢内的电机（安全电压供电），传动装置带动小火车在轨道上运行，根据车厢数量配置合适的传动装置数量，每节车厢通过连接器连接，运行速度一般不大于 10km/h，火车头内部设有制动装置，当小火车运行接近站台时，在制动装置控制下减速、停靠站台上下客。

（十）碰碰车类游乐设施

碰碰车（图 2-74 和图 2-75）在固定的车场内任意行驶运行，车体可以相互碰撞，配以操纵灵敏的 360°转向系统，车辆配置有安全带，车架四周设缓冲轮胎，车场四周设置防护拦挡。乘客自己驾驶碰碰车在车场内自由行驶，施展自己的驾驶技能，前进后退、左右转弯，乘客驾驶碰碰车时无须遵守任何交通规则，可以横冲直撞、追逐游玩，互相碰撞躲闪，是一种百玩不厌、趣味无穷、青少年十分喜爱的游乐项目。

图 2-74 有天网碰碰车

图 2-75 无天网碰碰车

碰碰车一般由图 2-76 所示部分组成。

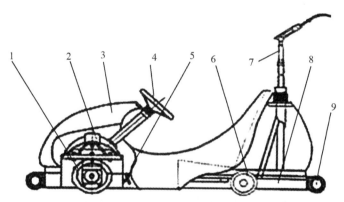

1.电机　2.转向机构　3.车体　4.方向盘
5.脚踏开关　6.车轮　7.导电装置　8.车架　9.缓冲轮胎
（a）有天网碰碰车

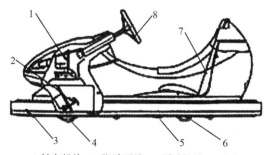

1.转向机构　2.脚踏开关　3.缓冲轮胎　4.电机
5.导电装置　6.车轮　7.座椅　8.方向盘
（b）无天网碰碰车

图 2-76　碰碰车的主要结构示意图

有天网碰碰车的运行是在固定车场内通过导电杆从天网及地板获得直流供电，导电装置使电机得电带动车体运行，当车内脚踏开关接通电源时直流电机转动，但由于结构上电机转子固定在转向机构上，装有胶轮的定子外壳为轮车，电机通电后定子旋转，即车轮转动，同时也由于操纵转向装置可对电机整体作 360°任意转向，转动方向盘来控制车行驶方向，碰碰车实现前进后退，左右转弯行走。

无天网碰碰车是有天网碰碰车的技术改进型，主要区别是省去了导电杆从天网导电功能，扩展了车场空间，改由从正负两极的特殊地板上供电给电机，操纵方向盘转向机构从而实现碰碰车运行功能。

（十一）滑道类游乐设施

滑道分为无动力槽式滑道（图 2-77）、管轨式滑道和有动力滑车滑道三种，是集体育、健身、娱乐为一体的项目。由于每次滑行的速度不同，滑车经过的轨迹也不同，因而变化多端，使乘客在不同速度滑行时感受到无穷的乐趣，更具惊险性和刺激性。

图 2-77　槽式滑道

滑道一般由图 2-78 所示部分组成。

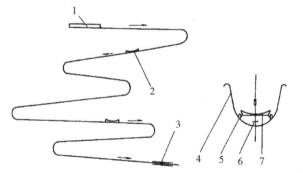

1.站台　2.滑车　3.制动装置　4.滑道　5.车轮系统　6.制动板　7.座位

图 2-78　滑道的主要结构

滑道一般都沿山坡架设，乘客坐在滑车座位上，由上而下沿滑道快速滑下，最高速度可达 40km/h 左右。在到达终点前，有一段较长的平缓段，以便减速，终点处设有制动装置，使滑车能平稳停车。滑车上也有乘客自己操作的制动板，使乘客可以自行控制滑行速度。

（十二）水上游乐设施

1. 峡谷漂流

启动水泵向特定的专用水道提供大流量水源，由于水道的落差，乘客乘坐橡皮筏通过提升系统进入汹涌澎湃水流，经过急弯险滩、变化莫测的河道漂流，惊险而刺激，犹如在大自然原野的河道中激流探险。峡谷漂流（图 2-79）是一项青少年十分喜爱的游乐项目。

图 2-79　峡谷漂流

峡谷漂流一般由图 2-80 所示部分组成。

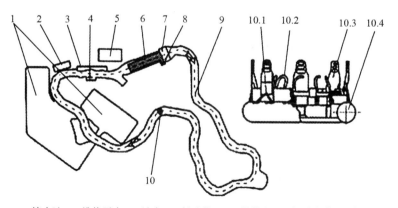

1.储水池　2.维修平台　3.站台　4.制动装置　5.操作室　6.提升皮带　7.水泵
8.传动机构　9.水道　10.漂流筏　10.1拉攀　10.2扶手　10.3座椅　10.4充气胎

图 2-80　峡谷漂流的主要结构示意图

漂流项目是由水道、供水系统、提升机构、橡皮筏、制动机构组成，橡皮筏通过提升皮带进入水道高位，水泵推动大流量的流水驱动橡皮筏在设定的水道中漂流，载人的橡皮筏沿水道通过急弯激流段漂流回到站台，制动装置固定橡皮筏方便上下乘客。

2. 水滑梯

各种各样不同高度、不同回旋方式的水滑梯（图 2-81）是水上乐园的常见游乐设施，给游客带来欢乐和刺激。乘员从楼梯走到高处平台依靠自身重力利用滑梯向下滑行，或借助水流用皮筏等乘具按规定的姿势下滑，在高耸的、奇形怪状的水滑梯上旋转、腾空、滑落，水花四溅中感受那份令人心跳加剧的清凉，堪称夏日避暑的美好享受。

图 2-81　水滑梯

水滑梯的结构比较简单，主要由供水系统、结构支撑、出发平台、楼梯、安全栅栏、玻璃钢滑道和落水池等部分组成，见图 2-82。

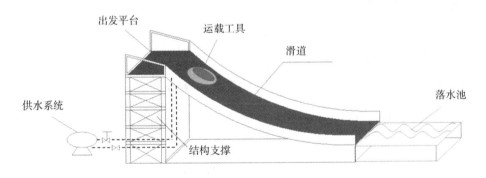

图 2-82　水滑梯的主要结构示意图

水滑梯按不同分类方式，主要可分为以下种类。

①直线滑梯、曲线滑梯；

②封闭式滑梯、敞开式滑梯；

③身体滑梯、皮筏滑梯、乘垫滑梯；

④中速滑梯、高速滑梯；

⑤儿童水滑梯、特殊类型水滑梯等。

直线滑梯一般都是高速滑梯，乘员在出发平台借助滑行工具，在操作人员的帮助下推进滑道下滑，滑道多设计为阶梯落差，每经过一个阶梯滑速增加，最后冲入缓冲水道。

曲线滑梯一般以螺旋滑道从高处旋转至低处的运动，乘员在出发平台或借助滑行工具及水流从滑道下滑。由于设计的多元化组合曲线滑梯的出现，有的是乘员乘坐皮筏从高空密封螺旋滑道急速下滑转入大喇叭口做旋转下滑，也有的是从高空滑道高速转入螺旋碗状滑道旋转下滑，并产生失重感觉后冲入缓冲水道。

（十三）无动力游乐设施

1. 滑索

滑索（见图2-83）是一项具有挑战性、刺激性和娱乐性的游乐项目，一般是利用地形的高差从高处以较快的速度向下滑行，可跨越草地、树林和河流等，乘客可以在有惊无险的快乐中感受刺激和满足。

图 2-83　滑索

滑索一般由图2-84所示部分组成。

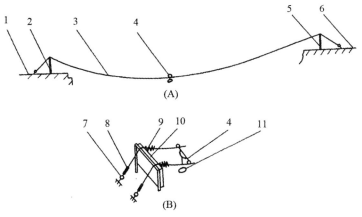

1.下站台　2.下门形架　3.滑索　4.滑车　5.上门形架　6.上站台　7.地锚螺栓
8.调整扣　9.缓冲弹簧　10.缓冲垫　11.吊挂带

图 2-84　滑索的主要结构示意图

滑索长度大都在300m以上，上站台与下站台的高差一般为20～30m（根据滑索长度设计）。在滑索上安装滑车，乘客用吊挂带捆绑好后，由上站台沿滑索迅速滑向下站台，最大速度可达30km/h以上。在下站台上，设有制动装置和缓冲装置，以减少乘客到达终点时的冲击力。有些滑索还附设滑车回收系统，将下站台的滑车运回到上站台。滑索上的调整扣用来调整滑索的松紧程度，以达到最好的滑行效果。

2. 蹦极

蹦极是一项户外休闲活动。跳跃者站在约 40m 以上高度的位置，用橡皮绳固定住后跳下，落地前弹起；反复弹起落下，重复多次直到弹性消失，使跳跃者在空中能够享受几秒钟"自由落体"的感觉。目前，世界上最高的蹦极高度已超过 320m。蹦极运动发展到现在，已有多种形式，大致可分为：高空蹦极、弹射蹦极（见图 2-85）和小蹦极等。

图 2-85 弹射蹦极

弹射蹦极一般由图 2-86 所示部分组成。

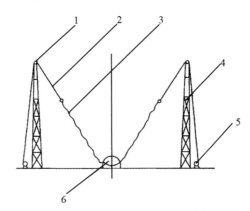

1.滑轮 2.牵引钢丝绳 3.弹性绳 4.塔架 5.卷扬机 6.座舱

图 2-86 弹射蹦极的主要结构

弹射塔架的高度一般在 30m 左右，每个塔架下都有一台卷扬机。座舱中能乘坐 2 人，用钩子或磁性件固定在地面上。运动开始时，卷扬机牵引钢丝绳引伸弹性绳，当弹性绳拉到一定长度后，座舱脱开挂钩（或使磁性件断磁），靠弹性绳的弹力，迅速向上弹射，速度可达 15m/s 以上。

第三节 安全防护装置

游乐设施的安全防护装置（以下简称安全装置）是指在安全功能中保护乘客免受现存或即将发生的危害所使用的防护装置或保护器件。

游乐设施应根据其具体形式和风险评价，设置相应的安全装置或采取安全保护措施，如乘客束缚装置（安全压杠、安全带等）、制动装置、限位装置、防碰撞及缓冲装置、止逆装置、限速装置、风速计、防护罩等。

游乐设施的安全装置是保证游乐设施安全运营和保护乘客安全必不可少的重要组成部分，也是操作人员在日常运行中操作和检查的重点部分，应严格按照操作规程和日常安全检查制度进行。因此在游乐设施运营过程中，操作人员必须严格按照国家有关游乐设施安全技术规范和产品使用说明书等的要求，努力熟悉安全装置的结构及其工作原理，认真做好游乐设施安全装置的日常操作、使用、检查和维护保养等工作。

一、安全压杠

安全压杠是为保障乘客安全而设置的刚性压紧装置，包括压杠的锁紧、棘轮、棘爪、齿条及启闭装置等，游乐设施运行时有可能导致乘客被甩出去的危险，应设置相应型式的安全压杠。

1. 结构形式及原理

根据不同的使用场合和不同类型的游乐设施，通常可将安全压杠分为压腿式和护胸压肩式两种。

①压腿式安全压杠（见图2-87）主要用于不翻滚、冲击不大的游乐设施如惯性滑车、海盗船、章鱼等设备，压杠压在乘客的大腿根部，不让乘客站起来离开座位，以免乘客被甩出舱外。压腿式压杠一般是用钢管制成的，外面包有橡胶或织物。

图 2-87 压腿式安全压杠

②护胸压肩式安全压杠（见图2-88和图2-89）常用于座舱翻滚以及人体上抛、颠

倒等的游乐设施，如过山车、垂直发射或自由落体穿梭机、翻滚类的高空揽月、遨游太空等乘客会倒悬的天旋地转等多自由度的游乐设施。一般此类设备离地面较高，运动惯性较大，乘客在乘坐游玩时有可能会脱离座位甩出舱外而受到意外伤害，为防止乘客脱离座位，就应用护胸压肩式安全压杠强制把乘客约束在座位上。游乐设施运行时，当乘客身体欲往上抬离座位时，压杠的压肩部分将挡住肩膀；若身体要往前去，则压杠的护胸部分又挡住胸口。这样就将乘客限制在座位和靠背的很小活动范围内，以防止意外受伤。

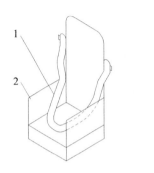
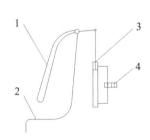

1.肩式安全压杠　2.座席　3.液压缸　4.电磁阀

图 2-88　护胸压肩式安全压杠示意图

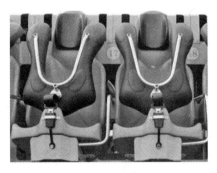

图 2-89　护胸压肩式安全压杠

　　护胸压肩式安全压杠的内芯采用无缝钢管或不锈钢管（棒）弯制而成，直径多为20～30mm，外面与乘客的肩膀、胸口，以及脸颊等接触部位包裹较软的橡胶或织物，这样既保证了足够的机械强度，又不至于挫伤乘客的身体。

　　现在的游乐设施越来越追求刺激，许多设备多自由度运转，为了防止护胸压肩式安全压杠在使用过程中失效，大部分设备还加装了辅助的独立的安全装置，如安全带等。有的压杠前端还加装了气动插销锁紧，防止主锁紧装置失效而导致压杠可自由打开，这样就能有效地确保乘客的安全。

　　2. 基本要求

　　安全压杠的锁紧装置具体要求是：一要，锁紧可靠，一旦锁住，压杠不能再推离乘客身体，且要具有一定的强度和刚度；二要，锁紧装置必须由操作人员才能打开，而乘客不能自行打开。以上两条是保证乘客束缚装置可靠性的必要条件。在正常情况下，只能在站台内打开锁紧装置，在站台外及游乐设施运行过程中锁紧装置是打不开的。

①安全压杠本身应具有足够的强度和锁紧力，保证乘客不被甩出或掉下，并在设备停止运行前始终处于锁定状态。

②锁定和释放机构可采用手动或自动控制方式。当自动控制装置失效时，应能够用手动开启。

③乘客应不能随意打开释放机构，而操作人员可方便和迅速地接近该位置，操作释放机构。

④安全压杠行程应无级或有级调节，压杠在压紧状态时端部的游动量应不大于35mm，安全压杠压紧过程动作应缓慢，施加给乘客的最大力，对成人不大于150N，对儿童不大于80N。

⑤乘坐物有翻滚动作的游乐设施，其乘人的护胸压肩式安全压杠应有两套可靠的锁紧装置。

3. 锁紧方式

护胸压肩式安全压杠常用的锁紧形式包括液压锁紧型、齿条锁紧型、棘轮棘爪型、摩擦锁紧型等，这些形式设计时都要求做到乘客不能自行打开，应由操作人员或服务人员打开。防止乘客在设备运行时安全装置被误操作，导致事故的发生，所以锁紧装置一定要可靠有效。开锁的方法基本上有机械式、电磁式和人工式三种。

（1）液压锁紧型

由液压缸进行锁紧。锁紧时由换向阀和单向阀控制油路使油缸油只向一个方向流动，这样油缸杆只能伸长或缩进，由此控制压杠只能压紧；打开时，油缸两侧油路连通，这样油缸杆可向两个方向运动，压杠则可以开启，见图2-90。

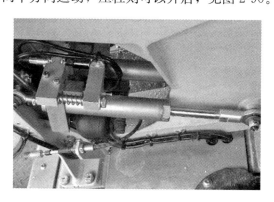

图 2-90　液压锁紧型

（2）齿条锁紧型

由锁紧弹簧、压杠臂、曲柄、曲轴、齿条和棘爪等部件组成，一般采用双齿条锁紧，用气缸打开压杠，见图 2-91。

图 2-91　齿条锁紧型

（3）棘轮棘爪锁紧型

由棘轮棘爪构成，锁紧时由弹簧推动棘爪压在棘轮之上卡住棘轮使之只能向一个方向转动，打开时由凸轮推动棘爪离开棘轮。特点是空行程比较大，见图 2-92。

（4）摩擦锁紧型

由锁紧环与锁紧杆构成，锁紧由弹簧推动锁紧环与锁紧杆成一角度并压在一起。特点是无空行程，但损坏时锁紧不可靠，见图 2-93。

图 2-92　棘轮棘爪锁紧型

图 2-93　摩擦锁紧型

4. 操作与检查要点

游乐设施开始运行前，操作人员应帮助乘客压好和锁紧安全压杠，并进行检查确认。

护胸压肩式安全压杠的检查要点：安全压杠不应有影响安全的空行程，动作应可靠，锁紧装置应锁紧，辅助束缚装置（如安全带等）应完好。

（1）液压锁紧的安全压杠

①压杠的发泡或软装部分应无开裂、脱落等现象；

②压杠在压紧状态时，端部的游动量应不大于 35mm；

③压杠压紧过程中，动作应缓慢，施加给乘客的力应合适；

④液压锁紧系统应无渗漏现象；

⑤锁紧和释放机构应能够手动开启；

⑥乘客应不能打开释放机构，而操作人员能方便、迅速进行操作。

（2）机械锁紧的安全压杠

①压杠的锁头、锁扣应安装牢固、无松动现象；

②锁扣弹簧无失效现象；

③压杠、锁头、锁扣无锈蚀、开裂、脱焊等现象。

二、安全带

安全带是为保障乘客安全而设置的柔性可锁紧的带状物，一般为高强度扁带状织物。

1. 基本要求

安全带可单独用于轻微摇摆或升降速度较慢、没有翻转、没有被甩出危险的游乐设施上，使用安全带一般应配辅助把手。对运动激烈的设施，安全带可作为辅助束缚装置（二道保护）。

安全带宜采用尼龙编织带等适于露天使用的高强度的带子（见图 2-94），不采用棉线带、塑料带、人造革带及皮带，因为前三种带子的材质强度较弱，易破损，皮带经雨淋后，易变形断裂。

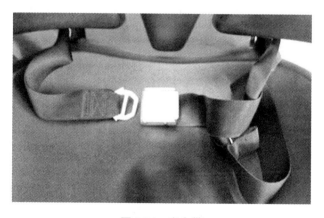

图 2-94　安全带

安全带带宽应大于 30mm，破断拉力应不小于 6000N。如"自控飞机"的座舱内应设有安全带，以及安全把手等。安全带宜分成两段，分别固定在座舱上，安全带与机体的连接应可靠，可以承受可预见的乘客各种动作产生的力。若直接固定在玻璃钢件上，其固定处应牢固可靠，否则应采取预埋设金属构件等加强措施，如图 2-95 所示。安全带作为第二套束缚装置时，可靠性应按其独立起作用进行设计。

安全带锁扣组件应用金属材料制成，锁紧应可靠，在无外力作用的情况下不应自行打开。必要时，安全带应设置防止乘客自行打开的保险装置。

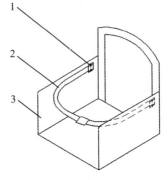

1.固定安全带的金属构件　2.安全带　3.座席

图 2-95　安全带的固定

2. 检查与操作要点

①游乐设施开始运行前，操作人员应协助乘客系好安全带，并进行检查确认。

注意：将安全带头部带有锁舌的一端，沿着身体往下拉安全带（不能扭结），将锁舌插入到锁扣中，直到听到"喀哒"声响后，往上提一提锁舌，以确认是否锁住，要做到松紧适中，并提醒"乘客双手抓紧扶手，设备在运行中不能解开安全带"等注意事项。在给儿童佩戴安全带时，应拉紧安全带，尽量减少空隙，以防其滑出造成危险。

②运行结束时，操作人员应等待设备完全停稳后，协助乘客解开安全带，其方法是用左手拿安全带，右手按下锁扣按钮，取下安全带，并将其轻轻放置于座舱中，以免损坏。如果发现安全带已破损，锁舌、锁扣已不起作用等情况，应立即更换新的安全带。

安全带的表面、锁扣和固定连接处等应是操作人员日常检查的重点部位。检查要点包括：

①安全带表面应光洁，无磨损、抽丝、开裂，连接处应没有脱线等现象；

②安全带锁舌、锁扣应完好，开启灵活，没有锈蚀、变形、开裂现象；

③安全带的固定应牢固可靠，可以承受可预见的乘客各种动作产生的力。

安全带应明确更换周期或更换条件，超过设计使用期限或破损的安全带应按规定及时进行更换。安全带应具有 3C 认证标志。

三、安全把手

安全把手是为保障乘客安全而设置的刚性把手。在大部分游乐设施的座舱中都装有把手（见图 2-96），把手虽小，但在安全方面，它却起着非常重要的作用。当游乐设施出现冲击振动时，只要抓住把手，就能使身体保持平衡，在发生事故时，甚至座舱翻转 90°，在没有其他安全措施的情况下，只要乘客牢牢抓住把手，也不会造成严重的人身伤害事故。把手应表面光滑，连接牢固。乘客在乘坐游乐设施时一定要抓牢把手，才能使身体保持平稳。

检查与操作要点：所有安全把手表面光滑、完好无损、固定牢靠等。

图 2-96 安全把手

四、锁紧装置

1. 基本要求

对于游乐设施的锁紧装置，国家标准规定：

①乘客束缚装置（如安全压杠等）的锁紧装置，在游乐设施出现功能性故障或紧急刹车的情况下，仍能保持其闭锁状态，除非采取疏导乘客的紧急措施。

②游乐设施距地面 1m 以上封闭座舱的门，应设乘客在内部不能开启的两道锁紧装置或一道带保险的锁紧装置。非封闭座舱的进出口处的拦挡物也应有带保险的锁紧装置。

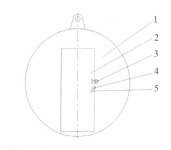

1.吊厢 2.吊厢门 3.插销 4.撞头 5.把手

图 2-97 两道门锁示意图

锁紧装置是使乘客不能随意打开座舱门的装置，在正常情况下，锁紧装置只能在站台内打开，在站台外或设备运行中都不能打开。例如摩天轮吊厢的门应有两道锁紧装置，在运行中，乘客从里面应不能打开吊厢的门（见图 2-97 和图 2-98）。

游乐设施锁紧装置应在设备停稳后由操作人员打开，让乘客离开座位。

图 2-98 摩天轮吊厢门锁

2. 检查与操作要点

①逐一手动检查每处锁紧装置，感官判断，确能锁紧；

②两道锁紧装置均可靠有效，无损坏情况，从内部不能打开；

③对于液压或气压驱动的锁紧装置，还应检查其管路有无泄漏，压力是否正常；

④对发现的问题应及时通知修理人员进行检查和修理，对修理后的锁紧装置，应经过检查和试验，确认合格后方可投入运行；

⑤相对运动部位应定期加油润滑。

五、止逆装置

1. 基本要求

止逆装置是为防止滑行车类游乐设施在提升段发生车辆逆行而设置的棘爪、挡块等装置。

国家标准规定，游乐设施沿斜坡向上牵引的提升系统，应设有防止乘人装置逆行的装置（特殊运动方式除外）。

止逆行装置逆行距离的设计应使冲击负荷最小，在最大冲击负荷时应止逆可靠。止逆行装置的安全系数应不小于4。

滑行车类游乐设施沿斜坡牵引的提升系统，应设有防止乘人装置逆行的装置（特殊情况的除外，例如太空飞车形式的，提升时由驱动轮驱动，车辆靠很大的动量上升）。止逆装置（见图2-99）的作用是能防止滑行车在提升段因发生牵引链条断裂等故障使车辆倒滑而造成的事故。例如，多车或单车滑行类游乐设施在提升段基本都设置了止逆装置，以供车辆在提升段由于停电或提升系统故障导致不能继续提升，或乘客在提升段有特殊情况急停时需要。因为在这些情况下若无止逆装置，车辆便会倒退，从而产生撞车伤人事故。所以滑行车类游乐设施在提升段设置棘爪、挡块等止逆装置至关重要。

图 2-99　止逆装置

2. 检查与操作要点

①安装于座舱底部的止逆钩连接是否牢靠，止逆钩销轴有无异常；

②止逆钩有无明显磨损或变形，动作是否灵活；

③安装于斜坡的止逆齿条，连接是否可靠，止逆齿磨损是否正常；

④止逆钩的复位弹簧状态是否良好，有无损坏脱落；

⑤运营前，逐一对车辆（座舱）进行试机检查，方法是将座舱提升至轨道斜坡段的任一位置，再切断电源，若座舱能被止逆钩钩住，则说明该装置有效；

⑥发现问题应及时通知修理人员进行检查和修理。

六、限位装置

1. 基本要求

限位装置是停止或限制游乐设施某部分运动的装置，限位装置在相应运动达到极限状态时自动起作用。

国家标准规定，游乐设施在运行中超过预定位置有可能发生危险时（如油缸或气缸行程的终点、绕固定轴转动的升降臂、绕固定轴摆动的构件、行程终点位置等），应设置限位装置，阻止其向不安全方向运行。必要时加装能切断总电源的极限开关。

绕水平轴回转并配有配重的游乐设施，乘人部分在最高点有可能出现静止状态时（死点），应有防止或处理该状态的措施。

通常我们所见的限位开关就属于运动限制装置，限位开关就是用以限定机械设备的运动极限位置的电气开关。限位开关有接触式的和非接触式两种。接触式的比较直观，机械设备的运动部件上设置了行程开关（见图 2-100），与其相对运动的固定点上安装极限位置的挡块，或者是相反安装位置。当行程开关的机械触头碰上挡块时，切断了（或改变了）控制电路，机械就停止运行或改变运行。由于机械的惯性运动，这种行程开关有一定的"超行程"以保护开关不受损坏。非接触式的形式很多，常见的有干簧管、光电式、感应式（见图 2-101 和图 2-102）等。

图 2-100　行程开关

图 2-101　接近开关　　　　　　　　　　　　　　　图 2-102　光电开关

在游乐设施中，无论是整体升降，还是每个座舱的分别升降，无论是液压升降、气动升降还是机械升降，在达到限定位置时应有限位装置。否则，不仅游乐设施设备易遭到损坏，而且也会对乘客造成危险。常用的限位装置是限位开关，必要时可设两道限位（见图 2-103）。

图 2-103　海盗船的限位开关

2. 检查与操作要点

①限位开关安装连接是否牢固；

②其触点或阻挡块是否完好，位置有无移动，动作是否正常；

③装置动作是否灵敏可靠，限位是否准确；

④进行试运行检查，如发现有异常、限位不准确等，应及时通知修理人员进行检查和维修或更换该装置。

七、限速装置

1. 基本要求

限速装置又称超速限制装置，是为防止乘人部分由于超过允许速度引起重大事故的装置。

国家标准规定，有可能超速的游乐设施应设有安全可靠的限速装置和措施。

在游乐设施中，采用直流电机驱动或设有速度可调系统时，必须设有防止超出最大设定速度的限速装置，限速装置应灵敏可靠。常用的限速方式有：电压比较反馈方式；驱动输入设置方式（模块）；单向编码计数器方式（限圈）；单向运转时间继电器方式（限时）等。比较可靠的是用两种独立方式控制，另加一套保护装置，常用的超速保护控制装置有测速电机、编码器等。

游乐设施一般采用超速保护开关（离心开关）做超速保护。超速开关，也称作离心开关，一般用于直流电动机的超速保护。在直流电动机的轴头装上超速开关，当电机速度超速时，则超速开关靠内部的离心机构使其接点动作。

游乐设施采用变频调速时，具有超速保护功能。系统一般采用闭环控制，配有旋转编码器，能够在触摸屏上显示系统的运行速度，当系统超速时能够自动保护。旋转编码器是用来测量转速的装置，光电式旋转编码器通过光电转换，可将输出轴的角位移、角速度等机械量转换成相应的电脉冲以数字量输出（REP）。它分为单路输出和双路输出两种。技术参数主要有每转脉冲数（几十个到几千个都有）和供电电压等。单路输出是指旋转编码器的输出是一组脉冲，而双路输出的旋转编码器输出两组 A/B 相位差 90°的脉冲，通过这两组脉冲不仅可以测量转速，还可以判断旋转的方向。

2. 检查与操作要点

①安装连接是否牢固，有无移位；

②运营前，应先试运行，检查该装置的性能是否可靠有效；

③由于该装置属于精密零件，不得随意拆装，如有问题应及时通知修理人员进行检查和维修。问题解决后，重新进行试运行检查，确认符合要求后，才能开机运行。

八、缓冲装置

1. 基本要求

缓冲装置是用以缓和冲击振动的装置。一般有弹簧、聚氨酯（橡胶）、液压等缓冲器。对于游乐设施，国家标准规定：

①在同一轨道、滑道、专用车道等有两组以上（含两组）无人操作的单车或列车运行时，应设防止相互碰撞的自动控制装置。当有人操作时，应设有效的缓冲装置；

②防冲撞缓冲装置突出车体应符合要求；

③升降装置的极限位置，必要时应设缓冲装置；

④非封闭轨道的行程极限位置，必要时应设缓冲装置；

⑤沿钢丝绳运行的滑索等设备，在滑行终点应设缓冲装置。

游乐设施的缓冲装置是用以缓和冲击振动的装置，游乐设施常见的缓冲器分蓄能型缓冲器和耗能型缓冲器两种，前者主要以弹簧和聚氨酯材料等为缓冲元件，后者主要是液压缓冲器。

当游乐设施速度很低时，例如多车滑行类、架空游览车类、碰碰车类等，每辆车的前后均应装设有效的缓冲装置，以防止撞击可能对乘客所造成的伤害。缓冲器可以使用实体式缓冲块或弹簧缓冲器（见图 2-104 和图 2-105），实体式缓冲块其材料可用橡胶、木材或其他具有适当弹性的材料制成，但使用实体式缓冲器也应有足够的强度。而碰碰车则采用橡胶充气轮胎作为缓冲装置（见图 2-106）。当游乐设施提升高度很大的时候，例如高空飞行塔等游乐设施，其配重和座舱用的缓冲器大部分采用的是耗能型缓冲器，即我们通常所讲的液压缓冲器。

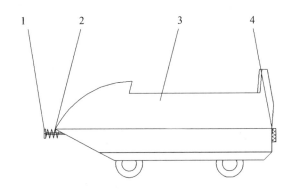

1.撞头　2.弹簧　3.滑车　4.橡胶垫

图 2-104　滑行车缓冲装置示意图

图 2-105　弹簧缓冲器

图 2-106　缓冲胎

滑索在运行时不可能出现两人碰撞的情况，但滑行进站时，如果速度过快，就会产生较大的冲击力，有可能对乘客造成伤害。为避免这种现象的产生，除有制动装置外，还应设置缓冲装置。现在大部分滑索都采用了弹簧缓冲加缓冲垫的方式，见图 2-107。缓冲弹簧要有足够长度，其长度应在 1.5m 以上，以保证有足够的缓冲力，缓冲垫的材料常用泡沫塑料制成，厚度应大于 400mm，并有足够的面积。

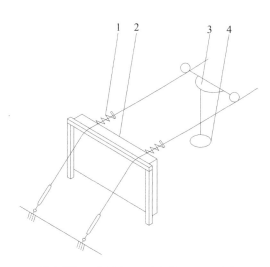

1.缓冲弹簧　2.缓冲垫　3.滑行装置　4.吊挂带

图 2-107　滑索缓冲装置示意图

2. 检查与操作要点

①安装连接是否牢固；

②弹簧缓冲器的撞头（或撞杆）的压缩和复位应灵敏、平稳，能起缓冲作用；

③压缩弹簧弹性能是否良好，弹力是否足够；

④聚氨酯（橡胶）缓冲器应无老化、变形、开裂、破损、脱落等现象；

⑤橡胶充气缓冲轮胎的充气应适当，无漏气。

九、过压保护装置

游乐设施的液压或气动系统中，应设有不超过额定工作压力 1.2 倍的过压保护装置（见图 2-108）。

图 2-108　过压保护装置

过压保护装置主要采用溢流阀，溢流阀在系统中起安全保护作用。当系统压力超过规定值时，安全阀顶开，将系统中的一部分气体排入大气，使系统压力不超过允许值，从而保证系统不因压力过高而发生事故。

检查与操作要点：过压保护装置能起保护作用。

十、制动装置

1. 基本要求

制动装置是使游乐设施的运动机构降低速度或停止运行（转）的装置（见图2-109）。为了使游乐设施安全停止或减速，大部分运行速度较快的设备都采用了制动系统，游乐设施的制动包括对电动机的制动和对车辆的制动。电动机的制动有机械制动和电气制动两种方式，车辆制动的方式主要采用机械制动。机械制动的作用是停止电动机的运行（正常或故障状态）和固定停止位置。机械制动是接触式的。机械制动器主要由制动架、摩擦元件和松闸器三部分组成。许多制动器还装有间隙的自动调整装置。

图2-109　过山车制动装置

制动器工作原理是利用摩擦副中产生的摩擦力矩来实现制动作用，或者利用制动力与重力的平衡，使机器运转速度保持恒定。为了减小制动力矩和制动器的尺寸，通常将制动器配置在机器的高速轴上。

制动器按用途分为停止式和调速式两种，停止式的功能是起停止和支持运动物体的作用；调速式的功能是除上述作用外，还可调节物体运动速度。按结构特征分为块式、带式和盘式三种。按工作状态分常开式和常闭式两种，常开式的特点是经常处于松闸状态，必须施加外力才能实现制动；常闭式特点是经常处于合闸即制动状态，只有施加外力才能解除制动状态。而游乐设施除驾驶类的外基本都是采用常闭式的制动器，因为这种制动器可靠安全。

制动装置的构件应有足够的强度（必要时还应验算其疲劳强度）。制动装置的制动行程应可调节，国家标准规定，游乐设施的制动装置应符合以下要求。

①游乐设施视其运动形式、速度及其结构的不同，采用不同的制动方式和制动器结构（如机械、电动、液压、气动以及手动等）。

②当动力电源切断后，停机过程时间较长或要求定位准确的游乐设施，应设制动装置。设备在制动停止后，应能使运动部件保持静止状态，必要时应设置辅助锁定装置。

③游乐设施在运行时，若动力源切断或制动装置控制中断，应确保游乐设施能安全停止。

④制动装置的制动力矩（力）应根据实际情况设置，不应引起安全问题及设备受

损。手控制动装置操作手柄的作用力应为 $100\sim200N$。

⑤制动装置的构件应有足够的强度（必要时还应验算其疲劳强度）。制动装置的制动行程应可调节。

⑥制动装置制动应平稳可靠，不应使乘客感受到明显的冲击或使设备结构有明显的振动、摇晃。无乘客束缚装置时，在正常运行工况下，制动加速度的绝对值一般不大于 $5.0m/s^2$。必要时可增设减速制动装置。

⑦紧急制动装置是当游乐设施处于非正常工作情况下，能迅速动作，实现规定安全功能的制动装置。

游乐设施的最大刹车距离，应限制在合理范围内。电池车在额定载荷和额定速度下的制动距离应不大于 4m，小赛车应不大于 7m，在滑道内滑行的车应不大于 8m，脚踏车、内燃或电力单车等应不大于 6m，架空列车应不大于 15m。

2. 检查与操作要点

①逐一检查车辆（座舱）的制动装置安装连接是否牢固，有无松动现象；

②有关连接的销轴、螺栓螺母、弹簧等是否完好，有无异常；

③制动系统管路有无泄漏，压力是否正常；

④各制动闸瓦磨损是否在允许范围内；

⑤试运行检查各组制动装置是否动作到位、准确有效；

⑥在运行中，动力电源断电或制动系统控制中断，制动系统应保持锁闭状态；

⑦制动应平稳，不应让乘客感到明显的冲击或使设备有明显的振动和摇晃；

⑧发现问题应及时通知修理人员进行检查和修理，未处理好前不得开机；

⑨各连杆关节转动部位应定期加油润滑。

十一、其他安全装置和措施

1. 防护罩

国家标准规定，游乐设施乘客可触及的机械传动部件（如齿轮、皮带轮、联轴器等）应有防护罩或其他保护措施。在地面上行驶的车辆，其驱动和传动部分及车轮应进行覆盖。

检查要点：所有防护罩（盖）应齐全、完整、牢固，能起防护作用。

2. 安全栅栏、站台、操作室、安全通道、安全网

安全栅栏是防止人员直接进入游乐设施运转区域或限制区域，保障人员安全的围栏，以及防止乘客从滑道侧面滑出而设置的安全栅栏。

①游乐设施应有有效的隔离措施，防止人员误入，并分别设有进口和出口。

②游乐设施周围及高出地面 500mm 以上的站台，应设置安全栅栏或其他有效的隔离设施，室外安全栅栏高度应不低于1100mm；室内儿童娱乐项目，安全栅栏高度应不低于 650mm。栅栏的间隙和距离地面的间隙应不大于 120mm，安全栅栏应设置为儿童

不易攀爬的结构。工作人员专用通道或平台的栅栏除外。

安全栅栏应分别设进、出口，在进口处宜设引导栅栏（见图 2-110）。站台应有防滑措施。

安全栅栏门开启方向应与游客行进方向一致（特殊情况除外）。为防止开关门时对人员的手造成伤害，门边框与立柱之间的间隙应适当，或采取其他防护措施。

图 2-110　安全栅栏

③游乐设施进出口的台阶宽度应不小于 240mm，高度范围为 140～200mm，阶梯的坡度应保持一致，进出口为斜坡时，坡度应不大于 1∶6，有防滑花纹的斜坡，坡度应不大于 1∶4。

④游乐设施的操作室应单独设置，视野开阔，有充分的活动空间和照明（见图 2-111）。对于操作人员无法观察到运转情况的盲区，有可能发生危险时，应有监视系统等安全措施。操作室内不能观察到全部上下客情况，且乘客束缚装置没有和启动联锁的，应在相应的位置增加安全确认按钮，且与启动联锁。

图 2-111　游乐设施操作室

⑤沿斜坡提升段或架空轨道高空处应设置安全通道，安全通道应牢固可靠，方便疏导乘客和检修设备。

⑥游乐设施本体、运行通道和通过的涵洞，其包容面应采用不易脱落的材料，装饰物等应固定牢固。

⑦在有可能导致人体、物体坠落而造成伤害的地方，应设置安全网，安全网的联接应可靠，安全网的性能应符合 GB 5725《安全网》的要求。

⑧用于检查维修用的爬梯、通道、平台应牢固可靠，其空间应能满足工作要求。高于 3m 的爬梯应有防护装置或设有安全带挂接装置。

3. 其他安全保护措施和要求

①游乐设施在空中运行的乘人部分，整体结构应牢固可靠，其重要零部件宜采取保险措施。

②吊挂乘人部分用的钢丝绳或链条数量不得少于两根（见图 2-112）。与座席部分的连接应考虑一根断开时能够保持平衡。

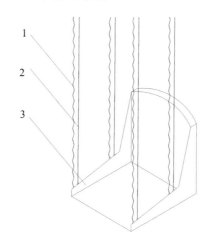

1.保险绳　2.吊挂绳　3.座椅

图 2-112　吊挂乘坐物的保险措施

检查与操作要点：

a. 逐一检查吊挂乘人部分的钢丝绳（或链条），固定且可靠；

b. 钢丝绳（或链条）应无明显的磨损、锈蚀、断丝（或开裂）；

c. 保险钢丝绳（或链条）应无磨损、锈蚀、断丝（或开裂）。

③钢丝绳的终端在卷筒上应留有不少于三圈的余量。当采用滑轮传动或导向时，应考虑设置防止钢丝绳从滑轮上脱落的结构。

④沿架空轨道运行的车辆，应设防倾翻装置。车辆连接器应结构合理，转动灵活，安全可靠。

⑤沿钢丝绳运动的游乐设施，应有防止乘人部分脱落的保险装置，保险装置应有

足够的强度 。

⑥当游乐设施在运行中，动力电源突然断电或设备发生故障，危及乘客安全时，应设有自动或手动的紧急停车装置。

⑦游乐设施在运行中发生故障后，应有疏导乘客的措施。

⑧游乐设施座舱的门窗玻璃应采用不易破碎的材料，包括有机玻璃和安全玻璃（无机玻璃）。

⑨对于边运行边上下乘客的游乐设施，乘人部分的进出口不应高出站台 500mm。

⑩凡乘客身体可伸到座舱以外时，应设有防止乘客在运行中与周围障碍物相碰撞的安全装置，或留出不小于 500mm 的安全距离。

⑪游乐设施设有转动平台时，为防止乘客的脚部受到伤害，转动平台与固定部分之间的间隙，水平方向不大于 30mm。

⑫凡乘客可触及之处，不允许有外露的锐边、尖角、毛刺和危险突出物等。

⑬游乐设施的建造应符合国家有关防火安全的规定。在高空运行的封闭座舱，必要时应设灭火装置。

⑭游乐设施产生的噪声对区域环境的影响应符合 GB 3096《声环境质量标准》的规定。

⑮高度大于 15m 的游乐设施和滑索上、下站及钢丝绳等应设防雷装置，并应采取防闪电电涌侵入的措施。高度超过 60m 时还应增加防侧向雷击的防雷装置。防雷装置应符合 GB 50057《建筑物防雷设计规范》的规定。

⑯游乐设施的低压配电系统的接地型式应采用 TN-S 系统或 TN-C-S 系统，低压配电系统保护接地电阻应不大于 10Ω。

4. 水上游乐设施的专门安全要求

①安装在水泵房、游泳池等潮湿场所的电气设备，应有剩余电流动作保护装置（漏电保护器）。

②水上游乐设施救生人员着装应统一并易于识别，并应配置相应的联络器材、通信设备和救生工具。

③水滑梯出发平台、结束端的滑道服务人员应配置适宜的联络与沟通工具，避免误操作。

④水上游乐设施出发平台高度大于 12m 时，安全栅栏高度应不低于 1200mm。

⑤在身体滑道的起始端应设置一根高度（滑道面到栏杆底部）为 0.8～1.1m 的安全横杆，以防止乘员站立进入滑道。

⑥滑梯对接缝沿滑行方向不应有逆向阶差，顺向阶差应不大于 2mm，接缝处应不漏水。

⑦水深变化的水域应在游乐池周边池壁的相应位置设置醒目的水深标识。

⑧开放夜场的水上乐园其水面照度应不小于 80lx，室内应有换气设备，并保证每

小时不少于 3 次。

⑨水上乐园游乐池的水质及空气应符合 GB 37487《公共场所卫生管理规范》、GB 37488《公共场所卫生指标及限值要求》、GB 37489.1《公共场所设计卫生规范 第 1 部分 总则》、GB 37489.3《公共场所设计卫生规范 第 3 部分 人工游泳场所》和 CJ/T 244《游泳池水质标准》的有关规定。

⑩各类游船应有承受碰撞的保护装置，并应设有扶手，座位牢固。

⑪机动船动力部分的传动装置，应采用遮挡物与乘客严格分开。

操作人员除了应掌握以上常用安全装置及附件的操作与日常检查外，还应针对不同种类的游乐设施，参照产品使用说明书、操作规程、日常安全检查制度等技术文件资料的要求，在实践中，熟悉和掌握自己所负责日常操作的游乐设施特点、日常检查重点以及操作要领等，保证其能够安全运营。

十二、游乐设施安全装置的应用举例

各种类型的游乐设施应根据其运动特点、乘人座舱的形状等，按照国家标准的规定，设置安全装置和采取安全措施。而且在每次检查时，都应作为检查的重点。下面着重介绍几种典型游乐设施安全装置的设置和采取的安全措施。

1. 观览车（摩天轮）的安全装置和措施

①吊厢门内部不能开启的两道锁紧装置；

②吊厢门、窗采用不易破碎的材料；

③吊厢的吊挂轴处保险措施；

④液压系统过压保护装置；

⑤突然断电及设备发生故障时，疏导乘客的措施。

2. 海盗船的安全装置和措施

①乘客不能随意打开的安全压杠；

②船体摆动限位装置；

③吊挂装置的保险措施；

④液压系统过压保护装置；

⑤突然断电及设备发生故障时，疏导乘客的措施。

3. 大摆锤的安全装置和措施

①座舱中护胸压肩式安全压杠和安全带；

②液压系统过压保护装置；

③制动装置；

④突然断电及事故状态下疏导乘客措施。

4. 过山车的安全装置和措施

①护胸压肩式安全压杠；

②轨道及站台上的制动装置；

③车辆连接器的保护装置；

④提升段止逆行装置（特殊运行方式除外）；

⑤突然断电及事故状态下疏导乘客措施。

5．疯狂老鼠的安全装置和措施

①安全带和把手；

②缓冲装置；

③防车辆相互碰撞的自动控制装置

④轨道及站台上制动装置；

⑤提升段止逆行装置（特殊运行方式除外）；

⑥突然断电及故障状态下疏导乘客措施。

6．空中列车的安全装置和措施

①轨道上有两列以上列车运行时，防止列车相撞的措施；

②制动装置；

③突然断电及故障状态下疏导乘客措施。

7．高架自行车的安全装置和措施

①安全带及把手；

②缓冲装置；

③故障状态下疏导乘客措施。

8．双人飞天的安全装置和措施

①安全压杠；

②座席吊挂装置的保险措施；

③升降臂限位装置；

④液压系统过压保护装置；

⑤突然断电及故障状态下疏导乘客措施。

9．飞行塔的安全装置和措施

①升降限位装置；

②吊挂乘坐物的保险装置；

③液压系统过压保护装置；

④突然断电及故障状态下疏导乘客装置。

10．自控飞机的安全装置和措施

①座舱中的安全带及把手；

②升降限位装置；

③平衡拉杆的保险装置；

④液压（或气压）系统过压保护装置；

⑤突然断电及故障状态下疏导乘客措施。

11. 滑索的安全装置和措施

①滑车吊挂的保险措施；

②下站台的制动装置；

③下站台的缓冲装置；

④故障情况下疏导乘客的措施。

12. 小赛车的安全装置和措施

①驱动和传动部分的覆盖防护；

②车辆的缓冲装置；

③车场的防撞缓冲装置；

④加速和制动标志。

第四节 操作系统

游乐设施的操作控制台操作面板上分布着各种开关、按钮、指示灯和仪器仪表等，内部安装着各种电气开关、控制元器件等，是操作人员与游乐设施主机之间的主要"人—机"交互界面，也是每个游乐设施作业人员应该熟练掌握的重要部分。

一、控制按钮颜色标识

国家标准规定，游乐设施的操作按钮、控制手柄和软件操作界面等应有明显的中文标识，按钮、信号灯等颜色标识应符合 GB/T 5226.1《机械电气安全 机械电气设备 第 1 部分：通用技术条件》的规定。

游乐设施的操作按钮，应符合 GB/T 5226.1 中 9.2.3 的规定；启动按钮应设置在乘客不易触及的区域，特殊情况应加防护隔离罩。

由乘客操作的电器开关应采用不大于 24V 的安全电压，对于工作电压难以满足上述要求的设备，其开关的操作杆和操作手柄等类似结构，应符合 GB 4706.1《家用和类似用途电器的安全 第 1 部分：通用要求》的有关规定。

①按钮的具体颜色代码应符合表 2-3 的要求。

表 2-3 按钮的颜色及其含义

颜色	含义	说明	应用示例
红	紧急	危险或紧急情况时操作	急停 紧急功能起动
黄	异常	异常情况时操作	干预制止异常情况 干预重新起动中断了的自动循环
绿	正常	起动正常情况时操作	正常情况起动

续表

颜色	含义	说明	应用示例
蓝	强制性的	要求强制动作的情况下操作	复位功能
白			起动/接通（优先） 停止/断开
灰	未赋予 特定含义	除急停以外的一切功能的起动	起动/接通 停止/断开
黑			起动/接通 停止/断开（优先）

"起动/接通"按钮颜色应为白、灰、黑或绿色，优先用白色，但不允许用红色。

急停和紧急断开按钮应使用红色。

停止/断开按钮应使用黑、灰或白色，优先用黑色。不允许用绿色。也允许选用红色，但靠近紧急操作器件建议不使用红色。

作为起动/接通与停止/断开交替操作的按钮的优先颜色为白、灰或黑色，不允许用红、黄或绿色。

对于按动它们即引起运转而松开它们则停止运转（如保持—运转）的按钮，其优先颜色为白、灰或黑色，不允许用红、黄或绿色。

复位按钮应为蓝、白、灰或黑色。如果它们还用作停止/断开按钮，最好使用白、灰或黑色，优先选用黑色，但不允许用绿色。

对于不同功能使用相同颜色白、灰、黑（如起动/接通与停止/断开按钮都用白色）的场合，应使用辅助编码方法（如形状、位置、符号），以识别按钮。

有时单靠颜色还不能表示操作功能或运行状态，可以在器件上或器件的近旁，补加必要的图形符号或文字符号，这些符号就是标识。

②指示灯的颜色代码应根据机械的状态符合表 2-4 的要求。

表 2-4　指示灯的颜色

颜色	含义	说明	操作者的动作
红	紧急	危险情况	立即动作去处理危险情况 （如断开机械电源，发出危险状态报警并保持机械的清除状态）
黄	异常	异常情况 紧急临界情况	监视和（或）干预（重建需要的功能）
绿	正常	正常情况	任选
蓝	强制性	指示操作者需要动作	强制性动作
白	无确定性质	其他情况，可用于红、黄、绿、蓝色的应用有疑问时	监视

指示灯发出的信息包括：

指示——引起操作者注意或指示操作者应该完成某种任务，红、黄、蓝和绿色通常用于这种方式。

确认——用于确认一种指令、一种状态或情况，或者用于确认一种变化或转换阶段的结束。白色和蓝色通常用于这种方式，某些情况下也可以用绿色。

指示灯的选择和安装方式，应从操作人员的正常位置能看得到。用于警告灯的指示灯电路应配备检查这些指示灯可操作性装置。

二、紧急停止按钮

国家标准规定，游乐设施的操作台上应设置紧急停止按钮（必要时站台上也应设置），按钮型式应采用凸起手动复位式，不允许由于按动紧急停止按钮而造成危险。

常用的紧急停止按钮（开关）如图 2-113 所示。

图 2-113　紧急停止按钮

国家标准规定，紧急停止按钮的型式应为凸起手动复位式，为何要选用这种形式的按钮呢？因为当遇到紧急情况的时候，人们通常比较紧张（在整个操作面板上有几个或许多按钮），手脚忙乱时会按错按钮，或寻找按钮的时间过长而延误时间。如果采用红色凸起式按钮，在整个操作面板上只有一个这样的按钮，寻找起来非常方便，也不会出现差错。手动复位式主要是考虑到由于其他误动作而造成设备的再次运行，因此发生事故。

操作人员要再次启动设备，只需把紧急停止按钮顺时针方向旋转大约 45° 后松开，按下的按钮就会弹起，使电路重新接通。

操作人员应熟悉紧急停止按钮的位置，以便需要时能够及时停机。

三、操作控制面板

按钮在游乐设施中的使用非常普遍，除了无动力类游乐设施、汽油机驱动的赛车和水滑梯等以外，几乎所有的设备都有按钮。设备的启动和停止都要靠操作这些按钮来执行，因此按钮是游乐设施中的一个很重要的部件。熟悉各种颜色按钮的用途，对于我们防止游乐设施的误操作起着十分关键的作用，每个操作人员都应认真、严格地熟悉和掌握，按照操作规程和程序进行操作，典型的游乐设施操作面板见图 2-114 和图 2-115。

游乐设施操作台面板上一般还设有电压表和电流表，用于指示电路工作的物理量。

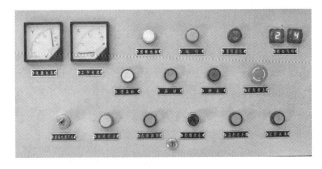

图 2-114　游乐设施的操作面板（按钮式）

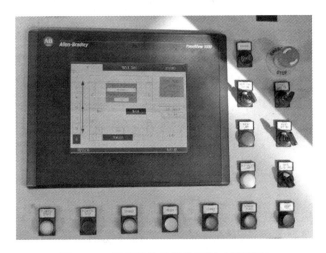

图 2-115　游乐设施的操作面板（触摸屏）

电压和电流是电路的基本参数，电压的单位用"V"（伏特）表示；电流的单位用"A"（安倍）表示。

四、灯光、音响和信号、监控装置

1. 灯光

游乐设施的外观造型新奇、灯光装饰炫丽往往更容易吸引游客。因此，灯光装饰很重要，不仅起到装饰外观的作用，在傍晚把灯光打开，极具吸引力，也营造出一种梦幻的美，对游乐设施起到画龙点睛的作用。游乐设施的灯光一般包括正常照明、应急照明，以及装饰照明等。

应急照明是指：因正常照明的电源失效而启用的照明。应急照明不同于普通照明，它包括：备用照明、疏散照明、安全照明三种。转换时间根据实际工况及有关规范的规定来确定。

装饰照明一般安装在游乐设施的设备本体上，随着设备一起运动。根据设备的美化效果，用装饰灯光组成图案。装饰照明可采用白炽灯或 LED 灯，这种灯具的体积和功率一般都不大，颜色包括红、黄、蓝、绿、白、紫等。

国家标准规定，游乐设施乘客易接触部位（高度小于 2.5m 或距离小于 500mm 范围内）的装饰照明电压应采用不大于 50V 的安全电压。安装在带水的游乐设施上，应选用相应防水等级的灯具。

游乐设施根据运行工况应有相应的照明和应急照明设备，乘客通道照明照度应不低于 60lx，应急照明照度应不低于 20lx。开放夜场的水上游乐设施，其水面照度应不小于 80lx。

2. 音响和信号

国家标准规定，对于游乐设施的控制系统在设备启动前应对设备的运行条件（包含气压、液压、电源、乘客及设备安全防护的检测等）进行确认判断，只有当设备符合运行条件后才允许起动。游乐设施应设置起动前提示乘客注意安全的音响等信号装置。

游乐设施的信号装置大都采用电铃、蜂鸣器（见图 2-116 和图 2-117），以及语音播放器（要能起到告诉和提醒游客"设备马上就要起动，注意安全！"，"设备还没有停稳，请不要离开座位！"的作用）等。语音提醒是智能技术的应用成果。语音提醒在游乐设施设上的使用，比文字、图片提醒更直观、通用，尤其是针对广大乘客，更加快捷有效。

图 2-116　蜂鸣器　　　　　　　　图 2-117　电铃

为了安全起见，游乐设施的信号装置目前大都已采用安全电压供电形式，而且与起动按钮采取连锁的方式，即不先按信号装置按钮的话，直接按启动按钮将不起作用，设备就不会起动，从而避免了误操作的可能。

另外，一些游乐设施还配备有音响系统，在游乐设施运行时，播放一些快乐或动感的背景音乐，以烘托游乐园（场）的气氛，给广大游客带来更加欢乐和兴奋的情绪。

3. 监控装置

监控系统（装置）由摄像、传输、控制、显示、记录登记等 5 大部分组成（见图 2-118）。摄像机可以通过同轴电缆、网线、光纤，以及微波、无线等多种方式将视频图像传输到控制主机，控制主机再将视频信号分配到各监视器及录像设备，同时可将需要传输的语音信号同步录入到录像机内。通过控制主机，操作人员可发出指令，对云台的上、下、左、右的动作进行控制及对镜头进行调焦变倍的操作，并可通过控制主机实现在多路摄像机与云台之间的切换。利用特殊的录像处理模式，可对图像进行录入、回放、处理等操作，使录像效果达到最佳。

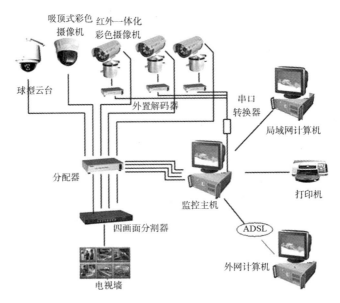

图 2-118　监控系统

国家标准规定，对于游乐设施，在操作人员无法观察到设备运转情况的盲区，有可能发生危险时，应有监控装置等安全措施。

另外，对于危险性较大的超大型游乐设施（如大型过山车、摩天轮等），宜采取运行数据监测的措施，安装在室外的设备，还宜考虑对其运行环境进行监测。条件允许的情况下，宜对运行监控的数据进行存储记录和分析。

对监视和测量设备应定期进行效验、校准，保障各类测试数值的可靠性和准确性，有效反映设备整体与零部件的运行状态。

五、风速计、流量计

1. 风速计

风速计是一种测量空气流速的仪器。它的种类较多（如风杯风速计、螺旋桨式风速计、热线风速计、声学风速计、数字风速计等），气象台站最常用的为风杯风速计（见图 2-119），它由三个互成 120°固定在支架上的抛物锥空杯组成感应部分，空杯的凹面都顺向一个方向，它是最常见的一种风速计。整个感应部分安装在一根垂直旋转轴上，在风力的作用下，风杯绕轴以正比于风速的转速旋转。

国家标准规定，高度 20m 以上的室外游乐设施，应设有风速计。风速大于 15m/s时，游乐设施应停止运营。风速计的最低安装高度为 10m，并应有方便操作人员观察的数据显示装置和报警功能。

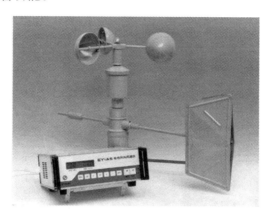

图 2-119 风杯风速计

2. 流量计

流量计是一种指示被测流量和（或）在选定的时间间隔内流体总量的仪表。简单来说就是用于测量管道或明渠中流体流量的仪表。

流量计又分为有差压式流量计、转子流量计、节流式流量计、细缝流量计、容积流量计、电磁流量计（见图 2-120）、超声波流量计等。按介质分类：液体流量计和气体流量计。

图 2-120 电磁流量计

流量在工程上的常用单位为 m³/h，它可分为瞬时流量（Flow Rate）和累计流量（Total Flow），瞬时流量即单位时间内流过封闭管道或明渠有效截面的量，流过的物质可以是气体、液体、固体。累计流量即为在某一段时间间隔内（一天、一周、一月、一年）流体流过封闭管道或明渠有效截面的累计量。通过瞬时流量对时间积分亦可求得累计流量，所以瞬时流量计和累计流量计之间也可以相互转化。

国家标准规定，水滑梯润滑水应适量，以保证乘员、滑行工具安全顺畅运行。水滑梯应设定合理的润滑水流量调节范围，并在调试时进行标识，未经授权的人员不应任意调节和变更。

　　如润滑水的变化对安全运行敏感的水滑梯，宜设置具有自动报警功能的在线流量计，以进行流量监视和测量。

六、电气控制系统示例

　　"飓风飞椅"（亦称摇头飞椅、豪华波浪等）是集旋转、升降、变倾角等多种运行形式于一体的飞行塔类游乐设施（见图 2-121）。

图 2-121　飓风飞椅

　　下面以一台"飓风飞椅"的电气控制系统为例，重点介绍游乐设施的整个运行过程。"飓风飞椅"主电路原理图和控制电路原理图分别见图 2-122 和图 2-123。

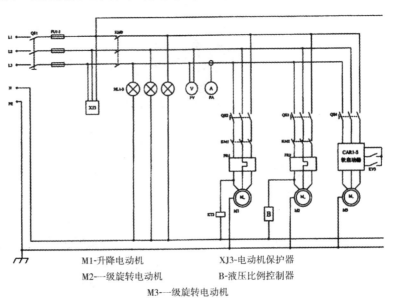

M1-升降电动机　　　　　　　　XJ3-电动机保护器
M2--级旋转电动机　　　　　　B-液压比例控制器
M3--级旋转电动机

图 2-122　"飓风飞椅"主电路原理图

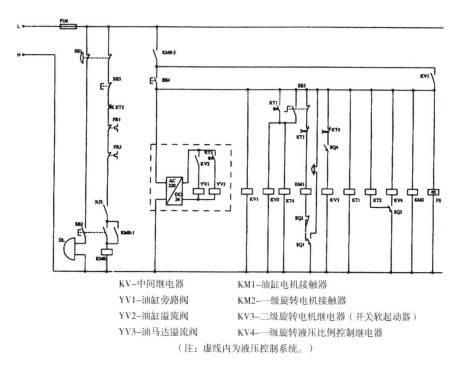

KV–中间继电器　　　　　　KM1–油缸电机接触器
YV1–油缸旁路阀　　　　　　KM2——一级旋转电机接触器
YV2–油缸溢流阀　　　　　　KV3–二级旋转电机继电器（开关软起动器）
YV3–油马达溢流阀　　　　　KV4–一级旋转液压比例控制继电器

（注：虚线内为液压控制系统。）

图 2-123　"飓风飞椅"控制电路原理图

　　"飓风飞椅"的主要结构包括底座、机架、导轨立柱、两级旋转升降机构、桁架组件、吊椅、液压系统、电气控制系统等。它运行时：设备回转机构、承载升降机构、一级旋转机构，以 4r/min 的旋转速度做全回转运动；升降机构承载托盘以上的重物，在油缸的举重推力作用下，沿着立柱轨道作伸幅运动缓慢上升，二级旋转机构承载伞形桁架组件及乘客乘坐物，在减速器电机驱动作用下，以 10r/min 的转速相对于地面做全回转运动，在完成上述运行的同时，挂吊在伞形桁架的座椅上乘坐的乘客随着伞形桁架一起不断地旋转。

　　其控制过程如下。

　　在主电路中，FU 是熔断器，FR 是热继电器，它们都起到了保护电机的作用。接触器 KM1、KM2 控制着电机 M1、M2，继电器 KV3 控制着电机 M3。

　　在控制电路中，按钮 SB1 是紧急停止按钮，它的作用是让运转的设备能紧急停止。按钮 SB2 是启动信号开关，它的作用是发出启动信号，提醒乘客设备将要起动，注意安全。由于接触器 KM0 的连锁作用，如果没有按按钮 SB2 发出启动信号，设备就无法起动。这种连锁保护在游乐设施中的电气控制中是十分重要的。

　　发出启动信号后，就可以按启动按钮 SB4 起动设备。启动按钮 SB4 接通后，接触器 KM2 的电磁线圈通电；时间继电器 KT1 通电并开始计时。接触器 KM2 的电磁线圈通电后，一级旋转电机 M2 起动。时间继电器 KT1 通电计时后，KT1 延时闭合动合触点保持断开状态，KT1 延时闭合动断触点立刻断开。经过计时 t1 后，时间继电器 KT1

动作，KT1 延时闭合动合触点闭合，时间继电器 KT4 通电并开始计时（KT4 延时闭合动断触点立刻断开）；KT1 延时闭合动断触点闭合，接触器 KM1 接触器的电磁线圈通电后，油缸电机 M1 起动。经过计时 t4 后，时间继电器 KT4 动作，KT4 延时闭合动断触点闭合，并且当顶升机构到达某位置使限位开关 SQ4 闭合时，二级旋转电机用继电器 KV3 通电，软起动器起动，二级旋转电机 M3 起动，"飓风飞椅"开始运行。

当达到设定时间的运行周期后，一级旋转电机开始减速运行，稍后，二级旋转电机停止旋转，并开始缓慢下降，整机在程序的控制下实现平稳停机；待设备全部停稳后，即完成一个运行循环。

七、典型游乐设施的操作程序

游乐设施的操作流程和程序一般分为两个方面：每日运营作业流程和单次运行操作程序。

1. 每日运营作业流程

①运行前进行日常检查；

②设备空载试运行至少两次；

③填写日常检查记录表并签字；

④正式接待游客游乐；

⑤运行结束后，对设备进行检查和清洁；

⑥填写日常运行记录；

⑦切断总电源，并拔掉电源开关钥匙；

⑧锁好门窗和进出口门。

2. 单次运行操作程序

①开启进口通道门，让游客有序进入乘坐；

②确认没有多余人员在安全栅栏内后，关掉进口门；

③帮助、检查和确认游客的安全装置（安全带、安全压杠、锁紧装置等）；

④同时，向游客宣讲乘坐该游乐设施的安全注意事项；

⑤开启音响或信号装置，观察游客是否注意；

⑥确认无异常情况后，开启起动装置运行设备，并且随时观察乘客的状况；

⑦运行结束，待设备完全停稳后，帮助乘客解开安全装置，打开出口通道门，待游客全部离开后关门；

⑧重新开始下一个操作流程。

第三章　安全操作要求

第一节　游乐设施操作人员职责

对游乐设施操作人员（以下简称操作人员）的要求包括两个方面：一是职业道德方面；二是业务水平方面。两者有着密切的联系，缺一不可。

所谓的职业道德，就是与人们的职业活动紧密联系的、符合职业特点所要求的道德准则、道德情操与道德品质的综合，它涵盖了从业人员与服务对象、职业与职工、职业与职业之间的各种关系。每个从业人员，不论是从事哪种职业，在职业活动中都要遵守职业道德，如教师要遵守教书育人、为人师表的职业道德；医生要遵守救死扶伤的职业道德；等等。

操作人员的职业道德主要体现在：应遵守国家有关的职业道德规范，各项法律法规、规章制度和工作纪律；保护乘客的人身安全和合法权益；做到安全第一、文明礼貌、优质服务。

操作人员应热情、主动、诚恳、耐心、细致地为游客服务，见图 3-1～图 3-10。

图 3-1　微笑服务

图 3-2　日常检查

图 3-3　引导乘客

图 3-4　制止违规

图 3-5　检查确认

图 3-6　友情提醒

图 3-7　认真操作

图 3-8　搀扶儿童

图 3-9　运营记录

图 3-10　应急救援

职业道德是事业成功的保证，也是从业人员的基本素质，没有职业道德的人干不好任何工作。操作人员的行为直接关系着广大乘客的安全，操作人员除应具备良好的职业道德外，还应严格执行各项规章制度，在工作中做到爱岗敬业、诚实守信、认真负责，凭借熟练的业务知识和操作技能，才能操作好游乐设施，才能最大程度地减少和避免游乐设施事故。事实证明，许多游乐设施发生事故，其中一个重要原因就是操作人员不负责任、玩忽职守、缺乏安全意识。因此，游乐设施运营使用单位应选择那些具有良好职业道德，又有一定文化水平，而且具备相应业务水平的员工来担任游乐设施操作人员。

操作人员的业务水平主要体现在：熟练掌握本岗位业务知识和实际操作技能，具备紧急情况的处理能力等。

操作人员应根据《特种设备作业人员监督管理办法》《特种设备作业人员考核规则》的规定，经考核合格，取得特种设备作业安全管理和作业人员证后，方可从事相应的作业活动。申请取证考试的人员应符合下列条件：

①年龄18周岁以上且不超过60周岁，并且具备完全民事行为能力；

②无妨碍从事作业的疾病和生理缺陷，并且满足申请从事的作业项目对身体条件的要求；

③具有初中以上学历，并且满足相应申请作业项目要求的文化程度；

④具有相应的大型游乐设施基础知识、专业知识、法规标准知识。

操作人员的考试，包括理论知识考试（基础知识、专业知识和法规标准知识等）和实际操作技能考试（安全装置及附件、安全运行和应急救援处理等）两个科目（即应知、应会）（具体要求和内容详见附录2），考试均实行百分制，单科成绩达到70分为合格；每科均合格，评定为考试合格。

对操作人员来说，应在游乐设施运营过程中保证游客安全，这就要求操作人员既要具有熟练的操作技能，还要有丰富的现场处置经验和能力。操作人员对自己操作的游乐设施要严格执行操作规程，认真做到"开机前检查""开机后检查""运行中多观察和及时提醒"等。操作人员还要随时观察游乐设施及乘客情况，与服务人员密切配合，按照操作规程合理、规范地进行操作，这样才能保证游乐设施的安全运营。

操作人员的不规范操作主要表现在：无证上岗、擅自操作；未向乘客讲解安全注意事项；未谢绝不符合乘坐条件的乘客参与游乐活动；未对保护乘客的安全装置（如安全带、安全压杠、舱门或进出口处拦挡物的锁紧装置等）是否锁紧逐一进行检查确认；未确认设备是否有问题就开机或确认有问题仍然开机；未发出开机提示信号、未确认周围是否有不安全因素就开机；未及时制止个别乘客的不安全行为；遇到问题不懂如何采取紧急措施；等等。另外，乘客有义务听从操作人员的指挥，不做损坏设施、危及自身及他人安全的行为。

根据国家有关法律法规、部门规章和国家标准的规定，操作人员应履行的职责包括：

①熟悉设备、设施性能，按时进行设备的日常检查、维护保养；

②严格遵守操作规程和操作人员守则，保障设备的正常运行；

③作业过程中发现事故隐患或其他不安全因素，应立即向现场安全管理人员和单位有关负责人报告；

④熟悉应急救援流程。发生故障或突发事件，应立即停止运行或采取紧急措施保护乘客，并立即向现场安全管理人员报告；

⑤严格执行单位的规章制度及设备管理的规定；

⑥主动宣传"乘客须知"，对违反安全规定的乘客要耐心劝阻，坚决制止违禁行为；

⑦认真填写设备运行记录；

⑧进行具体操作时操作人员应做到：

a. 确认安全检查人员完成检查并在运行日志上签字后，方可开启设备运行；

b. 正式运营前，应将设备试运行2次以上，确认是否正常，每次运行前应向乘客告知安全注意事项，对保护乘客的安全装置逐一进行检查确认；

c. 开机前先鸣铃，提醒其他乘客及服务人员远离游乐设施，确认安全后再启动设备；

d. 设备运行中，若发现乘客有不安全行为时（如：乘客受伤、昏迷、产生恐惧而大声喊叫等），应根据设备的运行状况，在保证安全的前提下，对该设备采取紧急处理措施，并疏导乘客；

e. 在设备运行中，应坚守岗位，密切注意乘客动态及设备运行状态，发现不正常情况，应立即采取有效措施，消除安全隐患；

f. 应熟悉紧急停止按钮的位置，以便需要时能够及时停机；

g. 每天运营结束，应严格按照运行日志的要求，进行安全检查，确认无误后，关闭电源并如实填写设备日常运行记录。

多数游乐设施操作人员同时充当着站台服务人员的角色，因此应该遵守站台服务秩序。游乐设施的站台服务秩序是保证游乐设施安全运营的重要方面之一，游乐设施服务应达到的基本要求是：安全第一；服务优质；卫生整洁；秩序良好。

1. 服务注意事项

①要维持好秩序，让等待的游客站在安全栅栏外面；

②疏导乘客均匀乘坐，不要造成过分偏载；

③逐个检查乘客的安全装置是否系（压）好；

④节假日、春秋游等游客过多时，适当增加服务人员；

⑤遇到紧急情况，按照应急预案采取应急救援措施。

2. 服务劝阻事项

①劝阻乘客不要抢上抢下，要等设备停稳后上下；

②劝阻乘客不要翻越安全栅栏，要从进出口出入；

③劝阻乘客不要超员乘坐，要按额定人数乘坐，超员不能开机；

④劝阻乘客不要让身高和年龄不符合要求的儿童乘坐，要遵守乘客须知提示的规定；

⑤劝阻乘客不要围长围巾乘坐，女乘客的长发要采取防护措施；

⑥劝阻乘客不要将头、手、脚等身体部位伸到座舱外面，要采取正确的乘坐姿势；

⑦劝阻酗酒者、有禁忌病症（如心血管疾病等）的乘客乘坐游乐设施；

⑧劝阻乘客在设备运行时不要留在安全栅栏内；

⑨劝阻乘客的其他不安全状态和行为。

第二节 典型设备安全操作规程

游乐设施运营使用单位应按照国家有关安全技术规范和标准，根据每台设备的不同特点以及产品使用说明书的要求，对每台（套）游乐设施制定相应的操作规程。

为了保证游乐设施的安全运行，操作人员在日常操作设备中（包括运行前、运行中和运行后）应严格按照操作规程进行作业。

1. 运行前的检查及开机操作

①打开电源，对设备进行日常检查，重点检查安全装置（如安全带、安全压杠、锁紧装置等），检查中如发现设备安全隐患和不安全因素，应立即报告安全管理人员或单位负责人；

②进行不少于2次的设备试运行，做好日常检查记录，并签名确认；

③主动提醒乘客阅读"乘客须知"，避免不符合要求的游客游玩该项目；

④打开进口门，引导乘客有秩序乘坐，确认没有多余人员后关好进口门；

⑤检查和确认乘客的安全装置（如安全带、安全压杠、锁紧装置等）已锁紧到位；

⑥设备启动前对乘客进行安全注意事项的提醒（示）；按下信号按钮，发出提示声响，提醒其他游客及服务人员远离游乐设施，确认安全后，按下启动按钮，设备开始正常运转。

2. 运行中的规范操作（包括乘客疏导、安全提示）

①设备运行中，不能擅自离开岗位，密切关注乘客安全状况和设备运行状况；及时发现设备不正常情况，制止乘客的危险行为；

②发现乘客有不安全行为或设备有异常情况时，应根据设备的运行状况，在保证安全的前提下，对该设备采取紧急停止措施，并疏导乘客；

③设备运行中和未停稳前，操作人员、服务人员以及其他游客严禁进入设备运行区域；

④运行结束，待设备停稳后，帮助乘客解开束缚装置，搀扶需要帮助的乘客离开

座舱；

⑤打开出口门，提醒乘客携带好随身物品，引导乘客有序离开，然后关好出口门。

3. 运行结束后的检查及关机流程

①检查确认设备安全状况和周围环境、清洁设备；

②关闭设备电源、拔掉钥匙；

③切断总电源；

④关好、锁紧门窗；

⑤按要求，做好当天的运行记录。

游乐设施运行前、运行中和运行后的操作流程见图3-11。

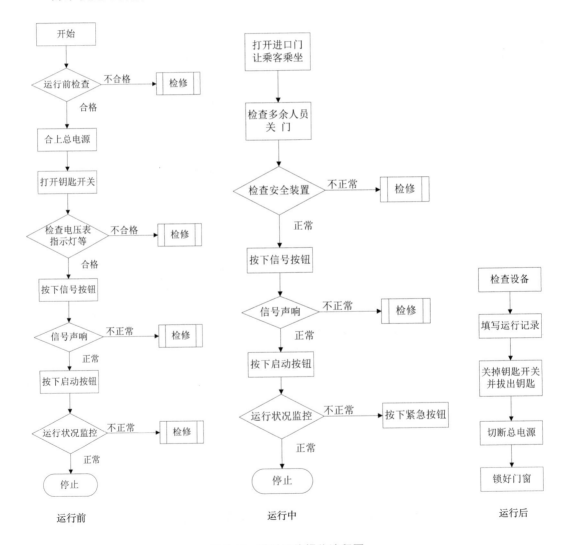

图 3-11　游乐设施操作流程图

每个类型的游乐设施都可能有它本身的特殊要求（如碰碰车，儿童不要坐在靠方向盘的这一边；疯狂老鼠的每辆车发车要有间隔；观览车的乘客不要偏载等），因此，操作人员必须熟练掌握所操作设备的操作规程和注意事项，严格按照操作规程进行操作，并要指导乘客正确乘坐，注意安全。

　　下面介绍几种典型游乐设施的操作要求、程序和注意事项。

一、摩天轮

　　该设备的乘客吊厢随转盘绕主轴缓慢旋转，转盘上的吊厢徐徐转动，乘客非常方便和安全地在站台上下，乘客吊厢升到高空环绕一圈后又回到站台，为乘客提供了从地面到高空循环往复远眺，饱览四周美景、山水风光，心旷神怡的空间体验，老少皆宜，是游乐园标志性的游乐项目。

　　1. 开机前操作内容

　　①对设备进行日常检查，重点检查两道门锁装置是否有效，检查中如发现设备安全隐患和不安全因素，应立即报告安全管理人员或单位负责人；

　　②各润滑点是否润滑良好，销轴、轴承、链条、链轮等是否要加润滑剂；

　　③立柱地脚螺栓、传动装置的连接螺栓是否松动；

　　④固定吊厢的螺栓、吊厢轴与吊厢的连接螺栓是否松动；

　　⑤吊厢玻璃是否完好，窗户上的金属栅栏（如果有）是否完好；

　　⑥支承吊厢轴的耳板焊缝是否有开裂现象；

　　⑦轮胎摩擦传动的，充气轮胎压紧力是否适当；

　　⑧进行不少于2次的设备试运行，做好日常检查记录，并签名确认。

　　2. 载客运行

　　①运行时服务人员应提前向乘客讲解安全注意事项，正确引导乘客进入吊厢，应尽量避免偏载；

　　②乘客入座时应按额定人数就位，严禁超员乘坐；

　　③乘客进入吊厢后，检查两道门锁是否可靠锁紧；

　　④设备运行中，不能擅自离开岗位，密切关注乘客安全状况和设备运行状况；

　　⑤乘客到站后，有序疏导乘客离开吊厢，搀扶需要帮助的乘客；

　　⑥提醒乘客携带好随身物品，引导乘客有序离开。

　　3. 运行结束后的检查及关机流程

　　①对座舱逐个进行检查，以免有人员滞留在吊厢内；

　　②检查确认设备安全状况和周围环境、清洁设备；

　　③关闭设备电源、拔掉钥匙；

　　④切断总电源；

　　⑤关好、锁紧门窗；

⑥按要求，做好当天的运行记录。

4．运行中的注意事项

①大部分摩天轮均为连续运行，上下客都不停车。对于这种运动方式的摩天轮，在上下客处应分别设服务人员，一人负责开门，并照顾下来的乘客；一人照顾上车的乘客，并负责把两道门锁锁好；

②开始营业时，操作人员要引导乘客均衡乘坐，隔2～3个吊厢再上人，以防止设备偏载。空载或接近空载时，遇到乘客突然增多，上客岗服务人员应安排好乘客隔厢乘坐，等到旋转一周后再逐厢上客；

③儿童要有成人陪同乘坐，以免吊厢升高时，儿童恐惧而出现意外；

④摩天轮在运转过程中，操作人员不能离开操作室，同时要注意观察设备运转状况，出现异常情况时，要立即停机；

⑤上下客岗服务人员应留意观察乘客在游乐过程中的状况，出现不安全的情况（如摇晃吊厢、中途站立等）要及时纠正；

⑥下客岗服务人员应面向吊厢，在下客位置站好，主动为乘客开门，扶老携幼，帮助乘客下车；并迅速检查有无遗留物品，及时清洁，送客离开；

⑦雷雨、大风（风速大于15m/s时，风力相当于7级）天气应停止运行；

⑧如遇停电时，上客岗服务人员应立即停止上客，关闭进口门，采用备用动力牵引，逐厢下客，并立即报告有关负责人；

⑨每天运营结束后，应逐个检查吊厢，确认无人后，再切断总电源，做好运行记录。

二、自控飞机

该设备的座舱都安装在刚性升降臂末端，绕中心轴回转支承旋转，在旋转的同时，乘客可以通过座舱上的操作按钮，自己控制支撑气缸实现升降臂上的座舱升降，有的设备还配备音响效果，并能将前面的飞机击中下降。

1．开机前操作内容

①对设备进行日常检查，重点检查安全带、行程限位、失压保护、过压保护、支撑臂二次保险等安全装置是否有效，检查中如发现设备安全隐患和不安全因素，应立即报告安全管理人员或单位负责人；

②各润滑点是否润滑良好，销轴、轴承、齿轮等是否要加润滑剂；

③底座及传动装置的地脚螺栓是否松动；

④各升降臂的连接螺栓、销轴卡板是否松动；

⑤座舱平衡拉杆调整是否适当，拉杆两端销轴上的开口销有无断裂、脱落现象；

⑥座舱与支承臂连接的各支承板焊缝有无裂纹；

⑦升降用的油缸（气缸）两端的销轴是否固定牢固；

⑧进行不少于 2 次的设备试运行，做好日常检查记录，并签名确认；

⑨主动提醒乘客阅读"乘客须知"，避免不符合要求的乘客游玩该项目；

⑩打开进口门，引导乘客有秩序乘坐，确认没有多余人员后关好进口门；

⑪设备启动前对乘客进行安全注意事项的提醒（示）；按下信号按钮，发出提示声响，提醒其他乘客及服务人员远离游乐设施，确认安全后，按下启动按钮，设备开始正常运转。

2. 载客运行

①运行时服务人员应提前向乘客讲解安全注意事项，正确引导乘客进入座舱，应尽量避免偏载；

②乘客入座时应按额定人数就位，严禁超员；

③乘客入座后，应逐个检查安全带已锁紧到位；

④设备运行中，不能擅自离开岗位，密切关注乘客安全状况和设备运行状况；发现乘客有不安全行为或设备有异常情况时，应根据设备的运行状况，在保证安全的前提下，对该设备采取紧急停止措施，并疏导乘客；

⑤设备运行中和未停稳前，操作人员、服务人员、其他游客严禁进入设备运行区域；

⑥运行结束，待设备停稳后，帮助乘客解开束缚装置，搀扶需要帮助的乘客离开座舱；

⑦打开出口门，提醒乘客携带好随身物品，引导乘客有序离开，然后关好出口门。

3. 运行结束后的检查及关机流程

①检查确认设备安全状况和周围环境、清洁设备；

②关闭设备电源、拔掉钥匙；

③切断总电源；

④关好、锁紧门窗；

⑤按要求，做好当天的运行记录。

4. 运行中的注意事项

①一般应设一到两名服务人员，引导乘客，维护场内秩序，劝阻乘客不要抢上抢下；

②座舱中有两个以上座位，而只有一人能操作升降，应避免发生抢座的现象；

③待乘客全部在座舱坐好后，要关好进口门，做好设备运前的准备工作；

④检查每个乘客是否系好安全带，确认场内没有不安全的因素；

⑤提示乘客"设备开始运转"，打铃后按下启动按钮；

⑥游乐进行中，要注意观察乘客动态，发现不安全因素应及时制止，必要时，应采用急停措施；

⑦游乐即将结束时，要及时提醒乘客设备未停稳请勿解开安全带，请勿站立；待

设备停稳后，帮助乘客解开安全带，搀扶需要帮助的乘客下机；

⑧打开出口门，检查有无遗留物品，送客离开，关好出口门，然后接待下一批乘客；

⑨每天运营结束后，要切断电源总开关，锁好操作室和安全栅栏门，做好运行记录。

三、疯狂老鼠

该设备运行是通过提升机构把载人滑行车提升到轨道最高端得到重力势能后，转入既定轨道并沿轨道自由高速向下滑行，一路经下滑段进入转弯轨道、由高层往低层滑行回到站台；每辆车可独立运行于轨道上，可多辆车同时在轨道上运行，但沿轨道应设置防撞自动控制装置，使车辆在运行中不会发生碰撞。

1. 开机前操作内容

①对设备进行日常检查，重点检查安全带、安全压杠、防撞自动控制装置、缓冲装置等安全保护装置是否有效，检查中如发现设备安全隐患和不安全因素，应立即报告安全管理人员或单位负责人；

②车体有无破损，连接是否牢固；

③车轴有无松动及变形，逆止装置是否起作用；

④车轮磨损情况，与轨道间隙是否正常；

⑤紧固螺栓有无松动；

⑥轨道有无变形、开裂等情况；

⑦进行不少于2次的设备试运行，做好日常检查记录，并签名确认；

⑧主动提醒乘客阅读"乘客须知"，避免不符合要求的乘客游玩该项目；

⑨打开进口门，引导乘客有秩序乘坐，确认没有多余人员后关好进口门；

⑩设备启动前对乘客进行安全注意事项的提醒（示）；按下信号按钮，发出提示声响，提醒其他乘客及服务人员远离游乐设施，确认安全后，按下启动按钮，设备开始正常运转。

2. 载客运行

①运行时服务人员应提前向乘客讲解安全注意事项，正确引导乘客进入座舱；

②乘客入座时应按额定人数就位，严禁超员乘坐；

③乘客入座后，应逐个检查安全带、安全压杠已锁紧到位；

④设备运行中，不能擅自离开岗位，密切关注乘客安全状况和设备运行状况；

⑤设备运行中和未停稳前，操作人员、服务人员、其他游客严禁进入设备运行区域；

⑥运行结束，待设备停稳后，帮助乘客解开束缚装置，搀扶需要帮助的乘客离开座舱；

⑦打开出口门，提醒乘客携带好随身物品，引导乘客有序离开，然后关好出口门。

3. 运行结束后的检查及关机流程

①检查确认设备安全状况和周围环境、清洁设备；

②关闭设备电源、拔掉钥匙；

③切断总电源；

④关好、锁紧门窗；

⑤按要求，做好当天的运行记录。

4. 运行中的注意事项

①要认真检查乘客是否系好安全带，安全压杠是否锁紧；

②车辆运行中，不允许乘客离开座位；

③前面的车辆未进入滑行轨道前，不允许放行后面的车辆，以免发生碰撞；

④当车辆停位不准时，要及时调整刹车装置，待停位准确后，方可继续载客运行；

⑤当空压机发生故障或气压太低刹车无保证时，车辆应停止运行；

⑥当车辆处于牵引状态，突然停电或故障时，操作人员应迅速登上安全通道，将乘客安全疏导下来；

⑦运营过程中，如果遇到下雨和刮大风，应停止运行；

⑧运营结束后，要切断电源总开关，锁好操作室门及安全栅栏门，做好运行记录。

四、旋转木马

旋转木马是传统游乐项目，由传动机构带动转盘绕垂直中心轴旋转，转盘上的乘骑模仿骏马同时作起伏跳跃运动，配备马匹和马车华丽的外观造型，伴随音乐、灯饰，使乘客感受到在骑马飞奔。

1. 开机前操作内容

①对设备进行日常检查，重点检查安全把手、脚蹬等安全装置是否有效，检查中如发现设备安全隐患和不安全因素，应立即报告安全管理人员或单位负责人；

②各润滑点是否润滑良好，轴承、齿轮等是否要加润滑剂。

③底座及传动装置的地脚螺栓是否松动；

④各连接螺栓、销轴等是否有松动；

⑤马匹有无破损，连接是否牢固；

⑥进行不少于2次的设备试运行，做好日常检查记录，并签名确认；

⑦主动提醒乘客阅读"乘客须知"，避免不符合要求的乘客游玩该项目；

⑧打开进口门，引导乘客有秩序乘坐，确认没有多余人员后关好进口门；

⑨设备启动前对乘客进行安全注意事项的提醒（示）；按下信号按钮，发出提示声响，提醒其他乘客及服务人员远离游乐设施，确认安全后，按下启动按钮，设备开始正常运转。

2. 载客运行

①运行时服务人员应提前向乘客讲解安全注意事项，必要时协助乘客上马，应尽量避免偏载；

②乘客入座时应按额定人数就位，严禁超员乘坐；

③设备运行中，不能擅自离开岗位，密切关注乘客安全状况和设备运行状况；发现乘客有不安全行为或设备故障等异常情况时，应根据设备的运行状况，在保证安全的前提下，对该设备采取紧急停止措施，并疏导乘客；

④设备运行中和未停稳前，操作人员、服务人员、其他游客严禁进入设备运行区域；

⑤运行结束，提醒乘客携带好随身物品，引导乘客有序离开，然后关好出口门。

3. 运行结束后的检查及关机流程

①检查确认设备安全状况和周围环境、清洁设备；

②关闭设备电源、拔掉钥匙；

③切断总电源；

④关好、锁紧门窗；

⑤按要求，做好当天的运行记录。

4. 运行中应注意的事项

①开机前检查每个乘客是否坐好、扶稳；

②儿童应有成人陪同和监护；

③乘客较少时，应引导乘客分散乘坐，不要形成过分偏载；

④遇到紧急情况时，要及时停车；

⑤提醒乘客要在设备完全停稳后才能下马；

⑥营业结束后，要切断电源总开关，锁好操作室门及安全栅栏门，做好运行记录。

五、水滑梯

水滑梯是水上乐园最为常见的水上游乐项目，在夏季深受广大游客的喜爱。水滑梯的种类主要有直线滑梯、曲线滑梯；封闭式滑梯、敞开式滑梯；身体滑梯、皮筏滑梯、乘垫滑梯；以及特殊类型的滑梯和互动戏水设施等。

水上游乐设施的操作，不单纯是操作人员按按操作按钮，而应把整台水上游乐设施的运行与乘员联系在一起，在运行中随时注意观察水上游乐设施设备情况和乘员状况，与其他服务人员密切合作，严格按照操作规程进行操作。

1. 水滑梯起始端操作人员的注意事项

①设备迎客前，由试滑员进行若干次的试滑，确认一切正常后方可开放；

②主动提醒乘员阅读"乘客须知"，避免不符合要求的游客游玩该项目；

③安排乘员在安全线以外排队等候，待接到指令后，方可引导乘员进入安全线

以内；

④指导和帮助乘员采用正确的下滑姿势，或正确使用辅助乘载物（皮筏、乘垫等）。

2. 水滑梯结束端操作人员的注意事项

①乘员下滑到截留区后，地面操作人员应协助他们站起来并疏导其迅速离开滑道；

②乘员如不能自行离开时，应帮助其尽快离开；

③乘员全部离开后，地面操作人员方可向起滑平台发送确认信号允许再次下滑；

④如有乘员发生意外，应立即进行救护。

3. 其他形式水滑梯的操作

随着水上乐园的迅速发展，不同材料、不同形式的新式水滑梯也开始陆续出现，对于新式水滑梯的操作除应进行与其相符合的操作外，还应按照制造单位提供的产品使用说明书和操作指南制定操作规程。

六、峡谷漂流

峡谷漂流是一种水上游乐项目，漂流筏由提升装置提高到一定高度，乘客乘坐漂流筏在特定水循环系统驱动下沿特定人工水道进行漂流运行。

1. 开机前操作内容

①对设备进行日常检查，重点检查安全把手、止逆装置等安全装置是否有效，检查中如发现设备安全隐患和不安全因素，应立即报告安全管理人员或单位负责人；

②做好清洁保养和设备润滑工作；

③检查漂流筏有无破损，气压是否正常；

④检查转动平台、传动装置螺栓、销轴有无松动或脱落；

⑤检查水道两侧无裂缝、漏水、杂物等，水位应符合要求；

⑥水泵运转正常，仪表指示正常，控制按钮可靠灵敏，监控系统工作正常；

⑦进行不少于2次的设备试运行，做好日常检查记录，并签名确认；

⑧主动提醒乘客阅读"乘客须知"，避免不符合要求的乘客游玩该项目；

⑨打开进口门，引导乘客有秩序乘坐，确认没有多余人员后关好进口门。

2. 载客运行

①运行时服务人员应提前向乘客讲解安全注意事项，正确引导乘客进入座舱；

②乘客入座时应按额定人数就位，严禁超员；

③设备运行中，操作人员不能擅自离开岗位，密切关注乘客安全状况和设备运行状况，发现异常情况立即采取应急措施；

④保持漂流筏之间的正常距离；

⑤应严禁乘客在提升皮带上行走，严禁工作人员在运行的提升皮带上行走；

⑥运行结束，待设备停稳后，搀扶需要帮助的乘客离开座舱；

⑦打开出口门，提醒乘客携带好随身物品，引导乘客有序离开，然后关好出口门。

3. 运行结束后的检查及关机流程

①检查确认设备安全状况和周围环境、清洁设备；

②关闭设备电源、拔掉钥匙；

③切断总电源；

④关好、锁紧门窗；

⑤按要求，做好当天的运行记录。

4. 应急措施

峡谷漂流如遇到突然停电、故障停机或者提升链条断裂等情况，首先应切断电源。操作人员立即赶到提升机入口处，防止漂流筏拥挤碰撞。帮助乘客下船，并通过辅助通道回到岸上，等待恢复供电和检查修复。

由于游乐设施种类、品种繁多，各类游乐设施的构造也不同，这里只能对几种典型的游乐设施操作进行叙述。设备制造单位出厂时在产品使用说明书中都会有设备的操作要求、日常检查等相关内容，运营使用单位应根据游乐设施安全技术规范标准的规定，结合制造单位提供的产品使用说明书中的要求，制订出每台（套）游乐设施的具体操作规程。

第三节　日常安全检查

游乐设施运营使用单位应根据国家有关安全技术规范和标准的要求，制造单位提供的产品使用说明书，以及设备使用状况，规定设备日检、周检、月检和年检等不同周期的检查项目及其内容，组织人员实施，并做好相应的记录，依据判断标准得出检查结果。

一、运行前检查内容

操作人员在游乐设施每次操作设备前，应对乘客和设备进行检查和确认，主要包括：

①乘客已经全部按要求正姿坐好，并抓好把手；

②逐个检查和确认束缚装置（如安全带、安全压杠等）已经锁紧到位；

③座舱的门已经关闭，并锁紧；

④已经向乘客宣传安全注意事项；

⑤操作人员、服务人员等已经撤离至安全区域；

⑥设备运行区域已经没有其他人员和障碍物等；

⑦进出口门已经关闭；

⑧设备启动前，已经发出提示信号。

二、日检项目及其内容

游乐设施运营使用单位应根据产品使用说明书的要求，以及有关安全技术规范和标准要求建立游乐设施自检作业指导文件。

游乐设施的检查类型包括日检、周检、月检和年检等定期安全检查。检查前，检查人员应准备好检测仪器、工装设备、个人防护用品等。

游乐设施每日运营前应对规定的部位（特别是安全装置）进行安全检查，对设备进行2次以上的试运行，并记录检查情况，确认设备正常后，方可投入运营。

1. 游乐设施日检项目和内容（至少应包括，不仅限于此）

①控制装置、限速装置、制动装置和其他安全装置是否有效可靠；

②整机运行是否正常，有无异常的振动或噪声；

③各易磨损件和连接件是否有缺陷；

④门的联锁开关及安全带等是否完好；

⑤润滑点是否满足设备润滑的要求；

⑥重要部位（轨道、车轮等）是否正常；

⑦液压系统和气动系统有无漏油、漏气，液压站油箱油位是否正常。

2. 水上游乐设施日检项目和内容（至少应包括，不仅限于此）

①水滑道表面不应有气泡、裂纹、凸起、毛刺、锐变、异物等；

②滑梯润滑水应满足安全使用要求，不应有漏水现象；

③造浪设施出波口的安全栅栏和安全警戒线应牢固可靠；

④各游乐池的回水格栅应安全可靠，游乐池无尖角锐边现象；

⑤安全标志以及乘客须知应清晰明了；

⑥游乐池水质应符合 GB 9667《游泳场所卫生标准》的要求；

⑦救生人员和辅助设施应配备齐全。

各种类型的游乐设施日检项目、要求和方法等会有所不同，除了以上内容外，还应按照产品使用说明书的相关要求，进行日常检查。

三、典型设备的日常安全检查

日常安全检查是一项游乐设施在运营期间每天都必须认真做好的基础性工作。与维护保养环节中的检查不同，日常安全检查通常不需要复杂的仪器设备，主要由检查人员通过眼睛看、耳朵听、手触摸等感官判断来进行，因此并不需要耗费太多时间。也正因为如此，此检查工作一定要认真细致，一旦发现异常或出现疑问要及时处理，必要时应扩大检查范围，严禁设备"带病"投入运营。运行过程中遇到任何异常情况，都应及时进行相应的检查和处理。

日常安全检查一般由设备的维护保养人员进行，检查项目应结合游乐园（场）游乐设施的具体情况，按照制造单位提供的产品使用（维护）说明书的要求综合确定。下面列出几种常见的典型设备部分检查项目和内容，以供参考。

1. 摩天轮（见表 3-1）

表 3-1　摩天轮的部分日常安全检查内容

检查部位	检查内容
操作室、操控台	各操作按钮是否完好无损，指示仪表是否正常，各功能指示灯是否正常。
	音响广播、电铃是否正常。
	电气控制系统是否运行正常，紧急停止按钮灵活可靠。
	视频监控系统是否正常。
	备用动力系统、应急电源是否状态良好。
驱动装置	电机、减速器运转是否正常，有无异常声响、振动，有无明显漏油现象。
	驱动装置运转是否正常，轮胎气压是否正常，压紧装置压紧力是否适当、有无卡阻或松脱现象。
	转盘转动是否正常，有无目测可观察到的变形。
	缆索端部有无松脱、严重变形等异常情况。
	吊厢吊挂轴连接是否正常，轴承有无异常声响、卡阻，连接螺栓有无松动。
吊厢	吊厢在运行过程中有无不正常的现象（倾斜、抖动等）。
	吊厢玻璃是否完好。
	吊厢门的开闭是否灵活可靠，两边门锁是否有效。
	吊厢内的空调、广播等是否良好。
通道、栅栏	栅栏是否稳固，与地面连接处有无明显的松动。
	栅栏有无破损、锐边或其他可能伤及乘客的危险。
	门铰链有无变形、脱落，门的活动间隙是否发生改变而导致可能夹手。
	安全标志有无破损、遗失。
	乘客须知有无缺损、严重褪色。

2. 旋转木马（见表 3-2）

表 3-2　旋转木马的部分日常安全检查内容

检查部位	检查内容
操作室、操控台	各操作按钮是否完好无损，指示仪表是否正常，各功能指示灯是否正常。
	音响广播、电铃是否正常。
	电气控制系统是否运行正常，紧急停止按钮是否灵活可靠。

续表

检查部位	检查内容
马匹、座舱	安全把手有无松动、开裂现象。
	吊杆连接处等的紧固件是否有缺失、松动或断裂等。
	游客接触的座席表面有无开裂、破损或其他异常，有无滴落的油污（靠近连杆处）。
	脚蹬有无松动，防滑踏面有无污损或其他异常。
转盘平台	转盘踏面有无破损、翘起、油污、积水或其他异常。
	转盘外缘立柱、中间、顶棚的装饰物有无松脱或其他异常。
	转盘在试运行过程中是否平稳、有无异常声响。
通道、栅栏	栅栏是否稳固，与地面连接处有无明显的松动。
	栅栏有无破损、锐边或其他可能伤及乘客的危险。
	门铰链有无变形、脱落，门的活动间隙是否发生改变而导致可能夹手。
	安全标志有无破损、遗失。
	乘客须知有无缺损、严重褪色。

3. 摇头飞椅（见表 3-3）

表 3-3 摇头飞椅的部分日常安全检查内容

检查部位	检查内容
操作室、操控台	各操作按钮是否完好无损，指示仪表是否正常，各功能指示灯是否正常。
	音响广播、电铃是否正常。
	电气控制系统是否运行正常，紧急停止按钮是否灵活可靠。
	视频监控系统是否正常。
吊椅	吊椅结构有无生锈、腐蚀。
	吊挂环链、钢丝绳是否完好，吊挂件是否脱落。
	座席面有无异常变形、开裂、破损或其他异常，有无滴落的油污。
	安全挡杆有无变形、开裂，锁紧装置锁紧是否牢靠。
塔架	顶棚的装饰物有无松脱或其他异常。
	设备在试运行过程中有无异常声响、振动。
通道、栅栏	栅栏是否稳固，与地面连接处有无明显的松动。
	栅栏有无破损、锐边或其他可能伤及游客的危险。
	门铰链有无变形、脱落，门的活动间隙是否发生改变而导致可能夹手。
	安全标志有无破损、遗失。
	乘客须知有无缺损、严重褪色。

4. 自控飞机（见表3-4）

表3-4　自控飞机的部分日常安全检查内容

检查部位	检查内容
操作室、操控台	各操作按钮是否完好无损，指示仪表是否正常，各功能指示灯是否正常。
	音响广播、电铃是否正常。
	电气控制系统是否运行正常，紧急停止按钮是否灵活可靠。
	视频监控系统是否正常。
座舱	安全把手有无松动、开裂现象。
	游客接触的座席表面有无开裂、破损或其他异常。
	安全带是否完好，带体有无异常磨损、与机体的连接处有无松动，卡扣组件锁紧是否牢靠、有无锈蚀等。
	乘客操纵的升降控制按钮是否完好无损、工作是否正常。
通道、栅栏	栅栏是否稳固，与地面连接处有无明显的松动。
	栅栏有无破损、锐边或其他可能伤及游客的危险。
	门铰链有无变形、脱落，门的活动间隙是否发生改变而导致可能夹手。
	安全标志有无破损、遗失。
	乘客须知有无缺损、严重褪色。

5. 峡谷漂流（见表3-5）

表3-5　峡谷漂流的部分日常安全检查内容

检查部位	检查内容
操作室、操控台	各操作按钮是否完好无损，指示仪表是否正常，各功能指示灯是否正常。
	音响广播、电铃是否正常。
	电气控制系统是否运行正常，紧急停止按钮是否灵活可靠。
	视频监控系统是否正常。
筏体	安全把手有无松动、破损。
	游客接触的表面有无开裂、破损或其他异常。
	筏胎气压是否正常，有无漏气等现象。
	安全带是否有破损、开裂或其他异常。
水道	水道沿线的山石景观有无显见开裂、碎石脱落等异常情况。
	池水有无油污和其他垃圾。
	水位是否符合要求，有无水位超过警戒线的情况。
	水泵拦污网是否有杂物。

续表

检查部位	检查内容
提升段	输送带有无开裂、损坏、缺失等异常。
	提升机构是否工作正常、运行平稳、有无异响。
	止逆装置是否有效。
通道、栅栏	栅栏是否稳固，与地面连接处有无明显的松动。
	栅栏有无破损、锐边或其他可能伤及游客的危险。
	门铰链有无变形、脱落，门的活动间隙是否发生改变而导致可能夹手。
	安全标志有无破损、遗失。
	乘客须知有无缺损、严重褪色。

6. 水滑梯（见表 3-6）

表 3-6 水滑梯的部分日常安全检查内容

检查部位	检查内容
滑道	滑道上是否有障碍物和其他杂物。
	滑道表面是否有开裂、起泡、毛刺等。
	滑道结合处是否漏水、连接是否松动，是否有逆向阶差。
供水系统	水泵工作是否正常。
	滑道表面是否有足够的润滑水量。
出发平台和结构支撑	楼梯、平台和栅栏等是否有损坏。
	钢结构支撑是否有松动、变形等。
辅助乘载物和设施	辅助乘载物（皮筏、乘垫等）是否完好。
	落水池水位是否正常。
	救生设备是否到位。
	乘客须知、下滑方式和安全标志等有无破损、模糊或缺失。
	音响广播、视频监控系统等是否正常。

四、运行记录

游乐设施的日常运行记录是游乐设施的安全运行中必不可少的要求之一，操作人员应按要求认真填写当天的游乐设施运行记录。记录表上除应包括当日的设施检查和运行情况，故障和维修情况及处理结果（如果有）等内容外，还应标明日期，而且要有操作人员和维修人员（如果有）的签名，以及安全管理人员每周巡检确认和签名，并应存档备查，档案资料应按规定妥善保存。

架空游览车类游乐设施的日常运行记录举例见表 3-7。

表 3-7　架空游览车类游乐设施日常运行记录表

序号	检查内容	月　日	……	月　日
		星期一	……	星期日
		是否正常	……	是否正常
1	乘客可触及处光滑；无破损。			
2	轨道平整，支承稳固。			
3	车辆车轮系统良好。			
4	安全带、安全挡杆、防撞缓冲等安全装置完好。			
5	进出口门、安全栅栏、乘客须知、安全标志等完好。			
6	信号装置、控制按钮和指示灯工作正常。			
7	试运行至少2次，车辆运行正常，紧急停止开关有效。			
…				
操作人员签名：				

附：正常：√　疑问：△　故障：×

故障排除记录：

维修人员签名：

安全管理人员每周巡检记录：

第四章　安全管理要求

第一节　监管体系简介

我国一直非常重视大型游乐设施（以下简称游乐设施）的安全，2000 年 10 月，原国家质检总局就颁布实施了《特种设备质量监督与安全监察规定》，明确将游乐设施纳入特种设备安全监督管理的范围。

经过多年的发展，已逐步形成了完善的法律法规和标准体系，为规范游乐设施的生产、使用、监督管理等各环节的工作发挥了重要作用，进一步保障了游乐设施的安全运营。

一、概述

我国游乐设施法律法规和标准系统由法律、行政法规和地方性法规、部门规章和地方政府规章、安全技术规范和规范性文件、技术标准五个层面构成，如图 4-1 所示。

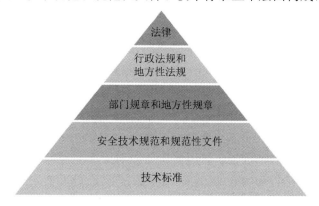

图 4-1　游乐设施法律法规和标准体系

二、法律

法律专指由全国人民代表大会及其常委会制定的规范性文件，由国家主席签署主席令予以公布，其地位仅次于宪法。与游乐设施相关的国家法律主要有：

(一)《中华人民共和国特种设备安全法》

《中华人民共和国特种设备安全法》（以下简称《特种设备安全法》）是为加强特种设备安全工作，预防特种设备事故，保障人身和财产安全，促进经济社会发展而制定。由全国人民代表大会常务委员会于 2013 年 6 月 29 日发布，自 2014 年 1 月 1 日起施行。《特种设备安全法》是全国人大常委会为保障人身和财产安全及时出台的我国特种设备安全方面的第一部法律。

特种设备包括锅炉、压力容器、压力管道、电梯、起重机械、厂（场）内专用机动车辆、客运索道和游乐设施等八大类，通常在高压、高温、高空、高速条件下运行，若管理不善，易导致爆炸、坠落等生产和公共事故，严重危害人身和财产安全。

随着我国经济快速发展，特种设备数量迅猛增长。至 2020 年全国特种设备总数已达 1600 多万台。以电梯为例，全国电梯数量由 2002 年的 35 万台激增至 2020 年的 787 万台，我国电梯的生产、安装和保有量均居全球第一。

数量猛增的同时，特种设备安全形势更加复杂、严峻。以人为本、立法为民，是我国立法工作始终坚持的一项根本原则，立法就是要解决实践中普遍存在的突出问题。《特种设备安全法》是第一部对各类特种设备安全管理做统一、全面规范的法律。它的出台标志着我国特种设备安全工作向科学化、法制化方向迈进了一大步。

《特种设备安全法》确立了"企业承担安全主体责任、政府履行安全监管职责和社会发挥监督作用"三位一体的特种设备安全工作新模式，进一步突出特种设备生产、经营、使用单位是安全责任主体。

生产环节，法律对特种设备的设计、制造、安装、改造、修理等活动规定了行政许可制度；经营环节，法律禁止销售、出租未取得许可生产、未经检验和检验不合格的特种设备或者国家明令淘汰和已经报废的特种设备。

使用环节，法律要求所有特种设备必须向当地特种设备安全监督管理部门办理使用登记后方可投入使用，使用单位要落实安全责任，对设备安全运行情况定期开展安全检查，进行经常性维护保养；一旦发现设备出现故障，应立即停止运行，进行全面检查，消除事故隐患。

这些条文都是从特种设备安全事故血的教训中总结出来的。以前事故发生后，有的责任不明确，由政府对事故损害"买单"。《特种设备安全法》就是要通过强化企业主体责任，加大对违法行为的处罚力度，督促生产、经营、使用单位及其负责人树立安全意识，切实承担保障特种设备安全的责任。

近年来连续发生的多起电梯事故表明，维护保养是重要环节，针对类似问题，《特种设备安全法》明确要求电梯维护保养必须由有资质的单位承担，承担维护保养的作业人员必须经过专业培训、取得作业人员资格；维护保养过程应严格执行安全技术规范要求，并落实现场防护措施，保证施工安全等。又如，针对住宅小区电梯安全管理问题，法律作了专门规定，如果业主委托物业服务单位管理小区的电梯，物业服务单位应依法履行安全管理义务。一旦发生事故，物业服务单位如果没有尽到安全管理义务，应承担相应的责任。

《特种设备安全法》规定，负责特种设备安全监督管理部门应对学校、幼儿园以及车站码头、商场公园等公众聚集场所的特种设备实施重点安全监督检查。

《特种设备安全法》规定，要充分发挥社会监督作用，要保障公众的知情权。特种设备安全监督管理部门应定期向社会公布特种设备安全状况。同时，要求特种设备安全监督管理部门对依法办理使用登记的特种设备建立完整的监督管理档案和信息查询系统，便于公众查询。

为了提高公众安全意识，《特种设备安全法》规定，使用电梯时、在游乐园游乐时，要注意安全提示并听从工作人员的管理和指挥；儿童乘坐自动扶梯，要有成年人陪同看护等。

全国人大常委会的立法坚持以人为本，把保障人民生命和财产的安全放在第一位。然而法律的有效实施需要全社会的共同努力，需要每个公民自觉遵纪守法，增强安全意识，增强自我保护能力。

（二）其他相关法律

游乐设施作为商品、消费品，同时也应当遵守《中华人民共和国产品质量法》《中华人民共和国进出口商品检验法》《中华人民共和国安全生产法》《中华人民共和国标准化法》《中华人民共和国计量法》等法律的相关规定。

三、行政法规和地方性法规

（一）行政法规

行政法规是指最高行政机关，即中央人民政府——国务院根据宪法和法律或者全国人大常委会的授权决定，依照法定权限和程序，制定颁布的有关行政管理的文件，是仅次于法律的重要立法层次，一般用条例、规定、规则、办法等称谓。与游乐设施相关的行政法规主要为《特种设备安全监察条例》。

2003 年 2 月 19 日，国务院第 68 次常务会议通过了《特种设备安全监察条例》（国务院第 373 号令，自 2003 年 6 月 1 日起施行），以法规形式对特种设备的设计、制造、安装、改造、维修、使用，以及检验检测、安全监察等全过程的基本制度进行了明确，为特种设备安全监察工作的法制化、科学化奠定了基础。《特种设备安全监察条例》自颁布日起，对于加强特种设备的安全管理，防止和减少事故，保障人民群众生命、财产安全发挥了重要作用。

2009年1月14日，经国务院第46次常务会议通过，修订后的《特种设备安全监察条例》正式公布，自2009年5月1日起施行，这对于进一步加强特种设备安全监察工作，提升特种设备安全监督管理部门服务经济社会大局的有效性，都具有重要的意义。

《特种设备安全监察条例》在第九十九条第七款中对纳入特种设备目录的游乐设施进行了明确的定义：大型游乐设施，是指用于经营目的，承载乘客游乐的设施，其范围规定为设计最大运行线速度大于或者等于2m/s，或者运行高度距地面高于或者等于2m的载人大型游乐设施。

《特种设备安全监察条例》在第二章中对游乐设施的生产（此处的生产为广义的生产，具体包括设计、制造、安装、改造、修理等行为）有着明确的规定。

游乐设施的设计文件，应当经国务院特种设备安全监督管理部门核准的检验检测机构鉴定，方可用于制造，应当进行型式试验的特种设备产品、部件或者试制特种设备新产品、新部件、新材料，必须进行型式试验和能效测试。游乐设施出厂时，应当附有安全技术规范要求的设计文件、产品质量合格证明、安装及使用维修说明、监督检验证明等文件。

游乐设施的制造、安装、改造单位，应当经国务院特种设备安全监督管理部门许可，方可从事相应的活动，游乐设施的制造、安装、改造单位应当具备下列条件：

①有与游乐设施制造、安装、改造相适应的专业技术人员和技术工人；

②有与游乐设施制造、安装、改造相适应的生产条件和检测手段；

③有健全的质量管理制度和责任制度。

游乐设施的修理单位，应当有与游乐设施修理相适应的专业技术人员和技术工人以及必要的检测手段，并经省、自治区、直辖市特种设备安全监督管理部门许可，方可从事相应的修理活动。

游乐设施的安装、改造、修理，必须由依照本条例取得许可的单位进行。游乐设施安装、改造、修理的施工单位应当在施工前将拟进行的特种设备安装、改造、修理情况书面告知直辖市或者设区的市的特种设备安全监督管理部门，告知后即可施工。

游乐设施的制造、安装、改造、重大修理过程，必须经国务院特种设备安全监督管理部门核准的检验检测机构按照安全技术规范的要求进行监督检验；未经监督检验合格的不得出厂或者交付使用。游乐设施的安装、改造、修理的施工单位应当在验收后30日内将有关技术资料移交使用单位，使用单位应当将其存入该特种设备的安全技术档案。

《特种设备安全监察条例》在第三章中对游乐设施的使用管理要求进行了明确规定，游乐设施的运营使用单位，应当使用符合安全技术规范要求的设备，严格执行本条例和有关安全生产的法律、行政法规的规定，保证特种设备的安全使用。

游乐设施在投入使用前或者投入使用后30日内，运营使用单位应当向直辖市或者设区的市的特种设备安全监督管理部门登记，登记标志应当置于或者附着于该特种设备的显著位置。运营使用单位还应当建立游乐设施的安全技术档案，安全技术档案应当包括以下内容：

①产品设计文件、制造单位、产品质量合格证明、使用维护说明等文件以及安装技术文件和资料；

②定期检验和定期自行检查的记录；

③日常使用状况记录；

④日常维护保养记录；

⑤运行故障和事故记录。

游乐设施运营使用单位应当对在用设备进行经常性日常维护保养，并定期自行检查。

游乐设施运营使用单位对在用设备应当至少每月进行一次自行检查并作出记录，在自行检查和日常维护保养时发现异常情况的，应当及时处理。

游乐设施运营使用单位应当按照安全技术规范的定期检验要求，在安全检验合格有效期届满前1个月向特种设备检验检测机构提出定期检验要求。检验检测机构接到定期检验要求后，应当按照安全技术规范的要求及时进行安全性能检验和能效测试。未经定期检验或者检验不合格的特种设备，不得继续使用。

游乐设施出现故障或者发生异常情况，运营使用单位应当对其进行全面检查，消除事故隐患后，方可重新投入使用。游乐设施存在严重事故隐患，无改造、维修价值，或者超过规定使用年限，运营使用单位应当及时予以报废，并应当向原登记的特种设备安全监督管理部门办理注销。

游乐设施运营使用单位，应当设置安全管理机构或者配备专职的安全管理人员，安全管理人员应当对在用设备使用状况进行经常性检查，发现问题的应当立即处理；情况紧急时，可以决定停止使用特种设备并及时报告本单位有关负责人。

游乐设施运营使用单位应当结合本单位的实际情况，配备相应数量的营救装备和急救物品，设备在每日投入使用前，应当进行试运行和例行安全检查，并对安全装置进行检查确认。

游乐设施运营使用单位应当将游乐设施的安全注意事项和警示标志置于易于为乘客注意的显著位置，乘客应当遵守使用安全注意事项的要求，服从有关工作人员的指挥。

游乐设施运营使用单位的主要负责人应当熟悉相关安全知识，并全面负责游乐设施的安全使用，主要负责人至少应当每月召开一次会议，督促、检查游乐设施的安全使用工作。

游乐设施作业人员及其相关安全管理人员，应当按照国家有关规定经特种设备安全监督管理部门考核合格，取得国家统一格式的特种作业人员证书，方可从事相应的作业或者管理工作。作业人员在作业中应当严格执行特种设备的操作规程和有关的安全规章制度，在作业过程中发现事故隐患或者其他不安全因素，应当立即向现场安全管理人员和单位有关负责人报告。

《特种设备安全监察条例》第六章对游乐设施的事故处理作出了规定；《特种设备安全监察条例》第七章则明确了相应的法律责任。

游乐设施的设计文件，未经国务院特种设备安全监督管理部门核准的检验检测机构鉴定，擅自用于制造的，由特种设备安全监督管理部门责令改正，没收非法制造的产品，处 5 万元以上 20 万元以下罚款；触犯刑律的，对负有责任的主管人员和其他直接责任人员依照刑法关于生产、销售伪劣产品罪、非法经营罪或者其他罪的规定，依法追究刑事责任。应当进行型式试验的产品，未进行型式试验的，由特种设备安全监督管理部门责令限期改正；逾期未改正的，处 2 万元以上 10 万元以下罚款。

未经许可，擅自从事游乐设施的制造、安装、改造的，由特种设备安全监督管理部门予以取缔，没收非法制造的产品，已经实施安装、改造的，责令恢复原状或者责令限期由取得许可的单位重新安装、改造，处 10 万元以上 50 万元以下罚款；触犯刑律的，对负有责任的主管人员和其他直接责任人员依照刑法关于生产、销售伪劣产品罪、非法经营罪、重大责任事故罪或者其他罪的规定，依法追究刑事责任。

游乐设施出厂时，未按照安全技术规范的要求附有设计文件、产品质量合格证明、安装及使用维修说明、监督检验证明等文件的，由特种设备安全监督管理部门责令改正；情节严重的，责令停止生产、销售，处违法生产、销售货值金额 30% 以下罚款；有违法所得的，没收违法所得。

未经许可，擅自从事游乐设施的修理或者日常维护保养的，由特种设备安全监督管理部门予以取缔，处 1 万元以上 5 万元以下罚款；有违法所得的，没收违法所得；触犯刑律的，对负有责任的主管人员和其他直接责任人员依照刑法关于非法经营罪、重大责任事故罪或者其他罪的规定，依法追究刑事责任。

游乐设施安装、改造、修理的施工单位，在施工前未将拟进行的特种设备安装、改造、维修情况书面告知直辖市或者设区的市的特种设备安全监督管理部门即行施工的，或者在验收后 30 日内未将有关技术资料移交使用单位的，由特种设备安全监督管理部门责令限期改正；逾期未改正的，处 2000 元以上 1 万元以下罚款。

游乐设施的运营使用单位有下列情形之一的，由特种设备安全监督管理部门责令限期改正；逾期未改正的，责令停止使用或者停产停业整顿，处 1 万元以上 5 万元以下罚款：

①每日投入使用前，未进行试运行和例行安全检查，并对安全装置进行检查确认的；

②未将安全注意事项和警示标志置于易于为乘客注意的显著位置的。

运营使用单位有下列情形之一的，由特种设备安全监督管理部门责令限期改正；逾期未改正的，责令停止使用或者停产停业整顿，处 2000 元以上 2 万元以下罚款：

①未依照本条例规定设置安全管理机构或者配备专职、兼职的安全管理人员的；

②作业人员未取得相应特种作业人员证书，上岗作业的；

③未对作业人员进行特种设备安全教育和培训的。

发生特种设备事故，有下列情形之一的，对运营使用单位，由特种设备安全监督管理部门处 5 万元以上 20 万元以下罚款；对运营使用单位主要负责人，由特种设备安全监督管理部门处 4000 元以上 2 万元以下罚款；属于国家工作人员的，并依法给予处分；触犯刑律的，依照刑法关于重大责任事故罪或者其他罪的规定，依法追究刑事责任：

①主要负责人在本单位发生设备事故时，不立即组织抢救或者在事故调查处理期间擅离职守或者逃匿的；

②主要负责人对特种设备事故隐瞒不报、谎报或者拖延不报的。

对事故发生负有责任的单位，由特种设备安全监督管理部门依照下列规定处以罚款：

①发生一般事故的，处 10 万元以上 20 万元以下罚款；

②发生较大事故的，处 20 万元以上 50 万元以下罚款；

③发生重大事故的，处 50 万元以上 200 万元以下罚款。

对事故发生负有责任的单位的主要负责人未依法履行职责，导致事故发生的，由特种设备安全监督管理部门依照下列规定处以罚款；属于国家工作人员的，并依法给予处分；触犯刑律的，依照刑法关于重大责任事故罪或者其他罪的规定，依法追究刑事责任：

①发生一般事故的，处 10 万元以上 20 万元以下罚款；

②发生较大事故的，处 20 万元以上 50 万元以下罚款；

③发生重大事故的，处 50 万元以上 200 万元以下罚款。

作业人员违反操作规程和有关的安全规章制度操作，或者在作业过程中发现事故隐患或者其他不安全因素，未立即向现场安全管理人员和单位有关负责人报告的，由特种设备使用单位给予批评教育、处分；情节严重的，撤销作业人员资格；触犯刑律的，依照刑法关于重大责任事故罪或者其他罪的规定，依法追究刑事责任。

（二）地方性法规

地方性法规是指省、自治区、直辖市以及较大的市为了适应区域的特种设备的安全管理，对这类设备提出的地方性要求，经过省、自治区、直辖市以及较大的市的人大立法通过的文件，是我国法律法规体系的组成部分，例如《浙江省特种设备安全管理条例》《江苏省特种设备安全监察条例》《南京市电梯安全条例》《深圳经济特区特种设备安全条例》等。

四、部门规章和地方政府规章

(一) 部门规章

部门规章是指以国务院特种设备安全监督管理部门首长签署部门令，予以公布的并经过一定方式向社会公告的"办法""规定"等。与游乐设施相关的部门规章主要有《特种设备现场安全监督检查规则》《特种设备作业人员监督管理办法》和《大型游乐设施安全监察规定》等。

1.《特种设备现场安全监督检查规则》

2015 年 1 月，原国家质检总局以第 5 号令发布《特种设备现场安全监督检查规则》，自印发之日起施行。

2.《特种设备作业人员监督管理办法》

为了加强特种设备作业人员监督管理工作，规范作业人员考核发证程序，保障特种设备安全运行，根据《中华人民共和国行政许可法》《特种设备安全监察条例》和《国务院对确需保留的行政审批项目设定行政许可的决定》要求，2005 年 1 月 10 日原国家质检总局通过 70 号局长令公布了《特种设备作业人员监督管理办法》，该办法自 2005 年 7 月 1 日起施行。经过 5 年多的实践，2011 年原国家质检总局对《特种设备作业人员监督管理办法》进行了修订，2011 年 5 月 3 日，原国家质检总局颁布第 140 号局长令，对修订后的《特种设备作业人员监督管理办法》重新发布（以下称"140 号令"），修订后的办法自 2011 年 7 月 1 日起实施。

特种设备作业人员是保障设备安全运行的重要因素之一，据统计，有 80％以上的特种设备事故是由于作业人员违章操作引起的。由于作业人员考核涉及的量大面广，关系百姓利益和构建和谐社会，新《条例》所设定的考核发证行政许可事项，需要制订配套的规章予以细化，按照《行政许可法》公开公正、便民高效、严格监管的要求，亟需对作业人员考核发证工作的许可程序、期限和后续监管等事项作出规定，严格规范行政行为，便利行政相对人。140 号令通过规范的许可确保特种设备作业人员应有的技术素质和作业技能，保障设备安全运行。

140 号令明确了特种设备作业人员的范围，锅炉、压力容器（含气瓶）、压力管道、电梯、起重机械、客运索道、游乐设施、场（厂）内机动车辆等特种设备的作业人员及其相关安全管理人员统称特种设备作业人员。特种设备作业人员的资格认定分类与项目由国家市场监督管理总局统一发布（见表 4-1）。

表 4-1 特种设备作业人员资格认定分类与项目

序号	种类	作业项目	项目代号
1	特种设备安全管理	特种设备安全管理	A
2	锅炉作业	工业锅炉司炉	G1
		电站锅炉司炉（注1）	G2
		锅炉水处理	G3
3	压力容器作业	快开门式压力容器操作	R1
		移动式压力容器充装	R2
		氧舱维护保养	R3
4	气瓶作业	气瓶充装	P
5	电梯作业	电梯修理（注2）	T
6	起重机作业	起重机指挥	Q1
		起重机司机（注3）	Q2
7	客运索道作业	客运索道修理	S1
		客运索道司机	S2
8	大型游乐设施作业	大型游乐设施修理	Y1
		大型游乐设施操作	Y2
9	场（厂）内专用机动车辆作业	叉车司机	N1
		观光车和观光列车司机	N2
10	安全附件维修作业	安全阀校验	F
11	特种设备焊接作业	金属焊接操作	（注4）
		非金属焊接操作	

注1：资格认定范围为300MW以下（不含300MW）的电站锅炉司炉人员，300MW电站锅炉司炉人员由使用单位按照电力行业规范自行进行技能培训。

注2：电梯修理作业项目包括修理和维护保养作业。

注3：可根据报考人员的申请需求进行范围限制，具体明确限制为桥式起重机司机、门式起重机司机、塔式起重机司机、门座式起重机司机、缆索式起重机司机、流动式起重机司机、升降机司机。如"起重机司机（限桥门式起重机）"等。

注4：特种设备焊接作业人员代号按照《特种设备焊接操作人员考核规则》的规定执行。

140号令明确了特种设备作业人员的持证上岗和到期复审需要实施行政许可。

从事特种设备作业的人员应当按照规定，经考核合格取得"特种设备作业人员证"后方可从事相应的作业或者安全管理工作；"特种设备作业人员证"每4年复审一次，逾期未申请复审或复审不合格的，注销"特种设备作业人员证"。

游乐设施的安全管理、修理和操作等作业人员由所在地的市场监督管理部门统一组织考试、审核和发证。

140 号令规定了用人单位对作业人员加强管理的义务：

①制订特种设备操作规程和有关安全管理制度；

②与持证作业人员签订聘用手续，并建立特种设备作业人员管理档案；

③对作业人员进行安全教育和培训；

④确保持证上岗和按章操作；

⑤提供必要的安全作业条件；

⑥其他规定的义务。

140 号令规定了特种设备作业人员守则：

①作业时随身携带证件，并自觉接受用人单位的安全管理和市场监督管理部门的监督检查；

②积极参加特种设备安全教育和安全技术培训；

③严格执行特种设备操作规程和有关安全规章制度；

④拒绝违章指挥；

⑤发现事故隐患或者不安全因素应当立即向现场管理人员和单位有关负责人报告；

⑥其他有关规定。

"特种设备作业人员证"遗失或者损毁的，持证人应当及时报告发证部门，并由用人单位出具证明，查证属实后由发证部门补办证书。

140 号令对撤销"特种设备作业人员证"作出了特别规定。有下列情形之一的，应当撤销"特种设备作业人员证"：

①持证作业人员以考试作弊或者以其他欺骗方式取得"特种设备作业人员证"的；

②持证作业人员违反特种设备的操作规程和有关的安全规章制度操作，情节严重的；

③持证作业人员在作业过程中发现事故隐患或者其他不安全因素未立即报告，情节严重的；

④考试机构或者发证部门工作人员滥用职权、玩忽职守、违反法定程序或者超越发证范围考核发证的；

⑤依法可以撤销的其他情形。

办法特别规定，对于违反上述第一项规定的，持证人 3 年内不得再次申请"特种设备作业人员证"。

140 号令还特别明确了：特种设备作业人员未取得"特种设备作业人员证"上岗作业，或者用人单位未对特种设备作业人员进行安全教育和培训的，按照《特种设备安全监察条例》第八十六条的规定对用人单位予以处罚。

3.《大型游乐设施安全监察规定》

2013 年 8 月 15 日，原国家质检总局以第 154 号公布《大型游乐设施安全监察规

定》（以下简称《规定》），自 2014 年 1 月 1 日起施行。

根据游乐设施安全监察工作的特点，《规定》着重明确了设计、制造、安装、改造、修理、使用单位以及设备经营场地提供单位安全方面的责任。在遵循《特种设备安全监察条例》确立的特种设备市场准入、监督检查制度的基础上，针对游乐设施安全工作的特点，《规定》本着权责一致、企业负责、方便企业的原则确立以下主要制度和措施。

（1）明晰各方责任

①制造单位职责。

《规定》根据游乐设施行业的实际情况，赋予制造单位权利，并明确其应当承担的责任，主要内容如下。

a. 针对多方参与设备制造的情况，规章明确要求制造单位对外委和外购零部件的质量进行控制，在鼓励社会化生产的同时，规定设备制造企业依法承担质量安全责任。

b. 设备超过设计使用期限但有修理、改造价值的，这类设备可由原制造单位或取得相应资格的制造单位进行评估，实施修理、重大修理或改造工作，并承担评估后设备的质量和安全性能责任。

c. 对由于设计、制造、安装原因存在质量安全问题的游乐设施以及发生事故的设备，制造单位都要对同类型设备进行排查，消除事故隐患，防止类似问题和事故再次发生。

②运营使用单位及场地提供单位职责。

《规定》明确了运营使用单位及经营场地提供单位的职责：运营使用单位要保证设备的安全使用和运行，对设备的使用和安全负责；提供场地的有关单位应核实经营游乐设施的单位满足相关法律法规以及《规定》要求的运营使用条件。

③运营使用单位的人员和机构的责任。

为保证使用环节的工作能有效开展，责任落实到位，《规定》明确了运营使用单位的各级人员的职责，安全管理机构的责任，以及安全管理机构的运作模式，包括法定代表人、安全管理人员、操作人员的具体工作和具体要求。

（2）强化使用管理

①安全管理制度要求。

安全管理制度是运营使用单位开展日常工作的重要指导原则，《规定》要求运营使用单位要建立健全安全管理制度。安全管理制度至少应包括作业和服务人员守则、安全操作规程、设备管理制度、日常安全检查制度、维护保养制度、定期报检制度、作业人员及相关运营服务人员的安全培训考核制度、应急救援演练制度、意外事件和事故处理制度、技术档案管理制度等。

②维护保养条件的要求。

为提高使用过程中维护保养工作的专业化水平，切实有效地保证维保工作的质量，

《规定》明确提出运营使用单位进行本单位设备的维护保养工作的，应配备具有相应资格的作业人员以及必备的工具、设备。

③日常检查维护的要求。

为使运营使用有针对性地加强日常检查维护工作，《规定》要求运营使用单位不但要按照有关安全技术规范和使用维护说明书的要求，而且要根据设备技术特点、质量状况，落实设备日常检查、定期检查和运营前试运行检查，有针对性地实施日常检查维护工作，并明确提出对试运行和检查中发现的异常情况，必须及时处理并如实记录。

④假日重点检查制度。

国家法定节假日或大型群众性活动期间，游乐园游客的数量相对较多，运营使用单位应在节假日前加强日常检查的力度，开展设备的全面检查并落实配套的安全管理制度。《规定》提出了运营使用单位提前在国家法定节假日或大型群众性活动期间开展全面检查，加强日常检查的具体要求，在部门规章的层面上将此项工作制度化。

⑤强化老旧设备的重大修理制度。

为了保障游乐设施安全运营，解决安全监察工作的实际问题，节约资源，减少浪费，落实责任，强化老旧设备的使用管理，《规定》提出游乐设施的修理、重大修理应当按照安全技术规范和使用维护说明书要求进行。对已达到设计使用期限的游乐设施，《规定》提出运营使用单位应当加强对超过整机设计使用期限后经改造、修理或重大修理的游乐设施的使用管理，依法进行定期检验，加大全面自检频次，保证安全使用。

（二）地方政府规章

地方政府规章是以省、自治区、直辖市政府行政首长签署命令予以公布的"办法""规定"等。

与游乐设施相关的地方政府规章主要有《上海市大型游乐设施运营安全管理办法》，该办法于2010年7月19日市政府第81次常务会议通过，自2010年10月1日起施行。

五、安全技术规范和规范性文件

（一）安全技术规范的法律定位

2003年3月发布的《特种设备安全监察条例》中首次提出了"特种设备安全技术规范"的概念，明确了特种设备安全技术规范是特种设备技术法规的重要组成部分。《特种设备安全法》中第八条规定"特种设备生产、经营、使用、检验、检测应当遵守有关特种设备安全技术规范及相关标准"，确立了特种设备安全技术规范的法律地位。

（二）安全技术规范的制定

为了保证特种设备全国统一的安全和节能要求，《特种设备安全法》授权国务院负责特种设备安全监督管理的部门制定安全技术规范，其作用是把法律、法规和行政规章原则规定具体化。目前，国家特种设备安全监督管理部门已经制定并颁布了100多项特种设备安全技术规范。与游乐设施相关的安全技术规范和规范性文件主要包括：

①TSG 03《特种设备事故报告和调查处理导则》；

②TSG 08《特种设备使用管理规则》；

③TSG Z6001《特种设备作业人员考核规则》。

六、技术标准

我国的游乐设施标准体系由国家标准、行业标准、地方标准和企业标准构成。游乐设施的国家标准主要有：

①GB/T 18158《转马类游乐设施通用技术条件》；

②GB/T 18159《滑行车类游乐设施通用技术条件》；

③GB/T 18160《陀螺类游乐设施通用技术条件》；

④GB/T 18161《飞行塔类游乐设施通用技术条件》；

⑤GB/T 18162《赛车类游乐设施通用技术条件》；

⑥GB/T 18163《自控飞机类游乐设施通用技术条件》；

⑦GB/T 18164《观览车类游乐设施通用技术条件》；

⑧GB/T 18165《小火车类游乐设施通用技术条件》；

⑨GB/T 18166《架空游览车类游乐设施通用技术条件》；

⑩GB/T 18167《光电打靶类游乐设施通用技术条件》；

⑪GB/T 18168《水上游乐设施通用技术条件》；

⑫GB/T 18169《碰碰车类游乐设施通用技术条件》；

⑬GB/T 18170《电池车类游乐设施通用技术条件》；

⑭GB/T 18879《滑道类游乐设施通用技术条件》；

⑮GB/T 20049《游乐设施代号》；

⑯GB/T 20050《游乐设施检验和验收》；

⑰GB/T 20051《无动力类游乐设施通用技术条件》；

⑱GB/T 20306《游乐设施术语》；

⑲GB 28265《游乐设施安全防护装置通用技术条件》；

⑳GB/T 30220《游乐设施安全使用管理》；

㉑GB/T 31257《蹦极通用技术条件》；

㉒GB/T 31258《滑索通用技术条件》；

㉓GB/T 34370.1《游乐设施无损检测第1部分：总则》；

㉔GB/T 34370.2《游乐设施无损检测第2部分：目视检测》；

㉕GB/T 34370.3《游乐设施无损检测第3部分：磁粉检测》；

㉖GB/T 34370.4《游乐设施无损检测第 4 部分：渗透检测》；

㉗GB/T 34370.5《游乐设施无损检测第 5 部分：超声检测》；

㉘GB/T 34370.6《游乐设施无损检测第 6 部分：射线检测》；

㉙GB/T 34371《游乐设施风险评价 总则》；

㉚GB/T 36668.1《游乐设施状态监测与故障诊断第 1 部分：总则》；

㉛GB/T 36668.2《游乐设施状态监测与故障诊断第 2 部分：声发射监测方法》；

㉜GB/T 36668.3《游乐设施状态监测与故障诊断第 3 部分：红外热成像监测方法》；

㉝GB/T 36668.4《游乐设施状态监测与故障诊断第 4 部分：振动监测方法》；

㉞GB/T 36668.5《游乐设施状态监测与故障诊断第 4 部分：应力检测监测方法》；

㉟GB/T 36668.6《游乐设施状态监测与故障诊断第 4 部分：运行参数监测方法》；

㊱GB/T 39043《游乐设施风险评价 危险源》；

㊲GB8408《大型游乐设施安全规范》；

㊳GB/T 34272《小型游乐设施安全规范》。

第二节　安全管理体系

一、使用单位

（一）使用单位的含义

使用单位，是指具有特种设备使用管理权的单位（注）或者具备完全民事行为能力的自然人，一般是特种设备的产权单位（产权所有人，下同），也可以是产权单位通过符合法律规定的合同关系确立的特种设备实际使用管理者。特种设备属于共有的，共有人可以委托物业服务单位或者其他管理人管理特种设备，受托人是使用单位；共有人未委托的，实际管理人是使用单位；没有实际管理人的，共有人是使用单位。

特种设备用于出租的，出租期间，出租单位是使用单位；法律另有规定或者当事人合同约定的，从其规定或者约定。

注：单位包括公司、子公司、机关事业单位、社会团体等具有法人资格的单位和具有营业执照的分公司、个体工商户等。

（二）使用单位的主要义务

使用单位主要义务如下。

①建立并且有效实施特种设备安全管理制度和高耗能特种设备节能管理制度，以及操作规程。

②采购、使用取得许可生产（含设计、制造、安装、改造、修理，下同），并且经

检验合格的特种设备，不得采购超过设计使用年限的特种设备，禁止使用国家明令淘汰和已经报废的特种设备。

③设置特种设备安全管理机构，配备相应的安全管理人员和作业人员，建立人员管理台账，开展安全与节能培训教育，保存人员培训记录。

④办理使用登记，领取《特种设备使用登记证》（以下简称使用登记证），设备注销时交回使用登记证。

⑤建立特种设备台账及技术档案。

⑥对特种设备作业人员作业情况进行检查，及时纠正违章作业行为。

⑦对在用特种设备进行经常性维护保养和定期自行检查，及时排查和消除事故隐患，对在用特种设备的安全附件、安全保护装置及其附属仪器仪表进行定期校验（检定、校准，下同）、检修，及时提出定期检验和能效测试申请，接受定期检验和能效测试，并且做好相关配合工作。

⑧制定特种设备事故应急专项预案，定期进行应急演练，发生事故及时上报，配合事故调查处理等。

⑨保证特种设备安全、节能必要的投入。

⑩法律、法规规定的其他义务。

使用单位应当接受特种设备安全监管部门依法实施的监督检查。

二、安全管理机构、管理人员和作业人员

（一）安全管理机构

1. 职责

特种设备安全管理机构是指使用单位中承担特种设备安全管理职责的内设机构。

特种设备安全管理机构的职责是贯彻执行国家特种设备有关法律、法规和安全技术规范及相关标准，负责落实使用单位的主要义务；承担高耗能特种设备节能管理职责的机构，还应当负责开展日常节能检查，落实节能责任制。

2. 设置

使用10台以上（含10台）游乐设施的，运营使用单位应当设置特种设备安全管理机构，逐台落实安全责任人。

（二）管理人员

1. 主要负责人

主要负责人是指特种设备使用单位的实际最高管理者，对其单位所使用的特种设备安全节能负总责。

2. 安全管理人员

(1) 安全管理负责人

特种设备安全管理负责人是指使用单位最高管理层中主管本单位特种设备使用安全管理的人员。特种设备使用单位应当配备安全管理负责人。按照要求设置安全管理机构的使用单位安全管理负责人，应当取得相应的特种设备安全管理人员资格证书。

安全管理负责人职责如下：

①协助主要负责人履行本单位特种设备安全的领导职责，确保本单位特种设备的安全使用；

②宣传、贯彻《中华人民共和国特种设备安全法》以及有关法律、法规、规章和安全技术规范；

③组织制定本单位特种设备安全管理制度，落实特种设备安全管理机构设置、安全管理员配备；

④组织制定特种设备事故应急专项预案，并且定期组织演练；

⑤对本单位特种设备安全管理工作实施情况进行检查；

⑥组织进行隐患排查，并且提出处理意见；

⑦当安全管理员报告特种设备存在事故隐患应当停止使用时，立即作出停止使用特种设备的决定，并且及时报告本单位主要负责人。

(2) 安全管理员

安全管理员是指具体负责特种设备使用安全管理的人员。游乐设施运营使用单位应当配备专职安全管理员，并且取得相应的特种设备安全管理人员资格证书，并应当保证在游乐设施运营期间，有一名持证的安全管理人员在岗。

安全管理员的主要职责如下：

①组织建立特种设备安全技术档案；

②办理特种设备使用登记；

③组织制定特种设备操作规程；

④组织开展特种设备安全教育和节技能培训；

⑤组织开展特种设备定期自行检查工作；

⑥编制特种设备定期检验计划，督促落实定期检验和隐患治理工作；

⑦按照规定报告特种设备事故，参加特种设备事故救援，协助进行事故调查和善后处理；

⑧发现特种设备事故隐患，立即进行处理，情况紧急时，可以决定停止使用特种设备，并且及时报告本单位安全管理负责人；

⑨纠正和制止特种设备作业人员的违章行为。

（三）作业人员

1. 作业人员配备

运营使用单位应当根据本单位游乐设施的数量、特性等配备相应持证的作业人员，并且在使用游乐设施时应当保证至少有一名持证的作业人员在岗。

2. 作业人员职责

游乐设施作业人员应当取得相应的特种设备作业人员资格证书，其主要职责如下：

①严格执行特种设备有关安全管理制度，并且按照操作规程进行操作；

②按照规定填写运行、交接班等记录；

③参加安全教育和技能培训；

④进行经常性维护保养，对发现的异常情况及时处理，并且作出记录；

⑤作业过程中发现事故隐患或者其他不安全因素，应当立即采取紧急措施，并且按照规定的程序向特种设备安全管理人员和单位有关负责人报告；

⑥参加应急演练，掌握相应的应急处置技能。

3. 作业人员的分类

游乐设施作业人员是指从事大型游乐设施修理（Y1）和操作的人员（Y2）。

三、管理制度

（一）安全管理制度

游乐设施运营使用单位应当按照特种设备相关法律、法规、规章和安全技术规范的要求，建立健全安全管理制度，至少包括以下内容：

①安全管理机构（需要设置时）和相关人员岗位职责；

②经常性维护保养、定期自行检查和有关记录制度；

③使用登记、定期检验管理制度；

④隐患排查治理制度；

⑤安全管理人员与作业人员管理和培训制度；

⑥采购、安装、改造、修理、报废等管理制度；

⑦应急预案管理制度；

⑧事故报告和处理制度；

⑨技术档案管理制度；

⑩安全操作规程。

（二）安全技术档案

游乐设施运营使用单位应当建立设备台账并逐台建立安全技术档案。安全技术档案至少包括以下内容：

①使用登记证和使用登记表；

②设备设计、制造技术资料和文件，包括设计文件、产品质量合格证明（含合格证及其数据表、质量证明书）、安装及使用维护保养说明、监督检验证书、型式试验证书等；

③设备安装、改造和修理的方案、图样、材料质量证明书和施工质量证明文件、安装改造修理监督检验报告、验收报告等技术资料；

④定期自行检查记录和定期检验报告；

⑤日常使用状况记录；

⑥设备及其附属仪器仪表维护保养记录；

⑦设备安全附件和安全保护装置校验、检修、更换记录和有关报告；

⑧运行故障和事故记录及事故处理报告；

⑨作业人员培训、考核和证书管理记录。

（三）报验和定期检验

①运营使用单位应当在游乐设施定期检验有效期届满的 1 个月以前，向特种设备检验机构提出定期检验申请，并且做好相关的准备工作。

②检验结论为合格时，运营使用单位应当按照检验结论确定的参数使用设备。

（四）培训教育

1. 作业人员的培训

①运营使用单位应当确定安全培训教育主管部门，制定并实施安全培训教育计划，提供相应的资源保证，加强作业人员安全培训教育，并作好培训记录，保证作业人员具备必要的安全作业知识、技能，取得特种设备作业人员资格证书。

②本单位没有培训能力的，应当委托专业机构进行培训。

③作业人员培训教育的内容应当包括：特种设备安全基本知识、生产工艺及操作规程、新技术、特种设备安全法律法规和安全规章制度、作业场所和工作岗位存在的危险源、防范措施及事故应急措施、事故案例等。

2. 运营使用单位的特种设备安全文化建设

运营使用单位应当加强特种设备安全文化建设，采取多种形式的安全文化活动，引导从业人员的安全态度和安全行为，实现法律法规和政府监管要求之上的安全自我约束，保障特种设备安全使用水平持续提高。

（五）记录管理

运营使用单位应当根据管理制度编制各类记录表格，记录特种设备采购、人员培训、日常运行、修理和维护保养、自行检查、应急演练、故障处置等过程。记录应当填写完整、字迹清楚、标识明确。

运营使用单位应当确定各类记录的保存期，并将其存放在安全地点，便于查阅，避免损坏。

设备的修理、日常维护保养的作业内容及要求、周期应严格按照维护保养作业指导书的规定执行。

修理和维护保养作业的相关记录应在作业结束后及时交由运营使用单位特种设备安全管理人员确认。

第三节 安全运行条件

随着人们生活水平的日益提高和休闲时间的增加，游乐业为大家提供了更多的娱乐活动，游乐设施的吸引力在于游乐过程的惊险和刺激，因此也从另一方面提出了更加重要的要求，即确保游乐设施运营的安全。游乐必须安全，安全才能保证游乐。只有安全才能真正满足游客对游乐的最大需求，游乐安全是游乐业界的永恒主题。

游乐设施安全始终贯穿于从设计、制造、安装、修理直至运营管理等所有的环节，是一项系统工程，任何环节都必须抓紧抓好，才能最终达到保证游客安全的目的。国家市场监督管理部门按照有关法律法规，对游乐设施在生产（包括设计、制造、安装、改造、修理）、运营、检验检测及其监督检查等方面进行全面的安全监督管理，其目的就是减少和防止游乐设施事故的发生，保障广大游客的人身和财产安全，促进经济发展与社会和谐。

一、安全运营条件

（一）游乐设施产品质量安全要求

游乐设施的产品质量直接关系到广大游客的人身安全，我国有关的法律、法规、规章、安全技术规范和国家标准对游乐设施的生产（包括设计、制造、安装、改造、修理）提出了一系列的安全规范和技术要求。

①游乐设施应符合国家有关的法律法规、安全技术规范和国家标准要求，生产单位应对其生产的游乐设施的安全性能负责。游乐设施制造、安装、改造、修理单位应依法取得许可后方可从事相应的活动，并对其制造、安装、改造、修理质量负责。

②生产单位应明示游乐设施整机、主要受力部件的设计使用期限。对在整机设计使用期限内需要检验、检测或更换的部件，应设计为可拆卸结构；对不能设计为可拆卸结构的部件，其设计使用期限不得低于整机设计使用期限。

③游乐设施设计完成后，生产单位应依法向特种设备检验机构申请设计文件鉴定。

④生产单位应按照设计文件、标准、安全技术规范等要求进行制造。生产单位委

托加工零部件或者外购零部件的，应按照其质量体系的要求，加强质量控制并依法承担责任。

⑤按照安全技术规范的要求，应进行型式试验的游乐设施或试制游乐设施新产品，生产单位应依法向特种设备检验机构申请进行型式试验。

⑥游乐设施出厂时，应附有产品质量合格证明、设计文件鉴定报告、型式试验合格证明、安装及使用维护说明书等文件。移动式游乐设施还应附有拆装说明书。

⑦游乐设施产品使用说明书应明确规定使用条件、技术参数、操作规程、乘客须知、试运行检查项目、人员要求、设备日常检查和定期检查项目、维护保养项目和要求、常见故障及排除方法、事故应急处置方案、整机和主要受力部件设计使用期限、主要受力部件检测和易损件更换的周期和方法等。

⑧安装单位在安装施工前，应确认场地、设备基础、预埋件等土建工程符合土建工程质量监督管理要求。安装单位应在施工前将拟进行的游乐设施安装情况书面告知直辖市或设区的市的市场监督管理部门，告知后即可施工。移动式游乐设施重新安装的，安装单位应在施工前按照规定告知直辖市或设区的市的市场监督管理部门。

⑨游乐设施的安装过程应按照安全技术规范规定的范围、项目和要求，由特种设备检验机构在企业自检的基础上进行安装监督检验；未经安装监督检验合格的不得交付使用；运营使用单位不得擅自使用未经安装监督检验合格的游乐设施。

⑩游乐设施安装竣工后，安装单位应在游乐设施明显部位装设符合安全技术规范要求的铭牌。安装单位应在验收后30日内将安全技术规范要求的出厂随机文件、安装监督检验和无损检测报告，以及经制造单位确认的安装质量证明、调试及试运行记录、自检报告等安装技术资料移交运营使用单位存档。

（二）游乐设施运营安全要求

针对游乐设施运营过程中可能发生的危险，游乐设施运营使用单位应从运营安全管理着手，建立安全管理体系，提高管理人员和作业人员素质。以运营的安全管理为主线，重点抓好作业人员培训考核、设备运营、定期检查和检验、维护保养以及应急救援等环节的安全管理。

①游乐设施运营使用单位应对使用的游乐设施安全负责。

②游乐设施在投入使用前或投入使用后30日内，运营使用单位应向直辖市或设区的市的市场监督管理部门登记。

③移动式游乐设施在每次重新安装投入使用前或投入使用后30日内，运营使用单位应向直辖市或设区的市的市场监督管理部门登记；移动式游乐设施拆卸后，应在原使用登记部门办理注销手续。

④运营使用单位应将"特种设备使用登记证"（见图4-2）置于游乐设施的显著位置。

⑤运营使用单位应在游乐设施安装监督检验完成后 1 年内，向特种设备检验机构提出首次定期检验申请；在游乐设施定期检验周期届满 1 个月前，运营使用单位应向特种设备检验机构提出定期检验申请。运营使用单位应将“特种设备使用标志”（见图 4-3）置于游乐设施的显著位置，未经检验或者检验不合格的游乐设施不得继续运营。

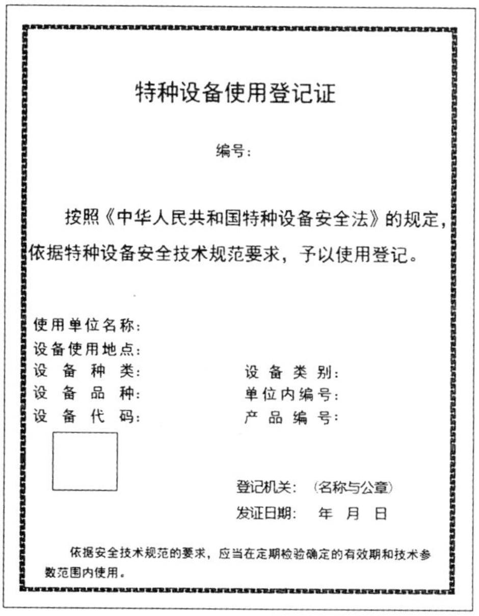

特种设备使用登记证

编号：

按照《中华人民共和国特种设备安全法》的规定，依据特种设备安全技术规范要求，予以使用登记。

使用单位名称：
设备使用地点：
设备种类：　　设备类别：
设备品种：　　单位内编号：
设备代码：　　产品编号：

登记机关：（名称与公章）
发证日期：　年　月　日

依据安全技术规范的要求，应当在定期检验确定的有效期和技术参数范围内使用。

图 4-2　特种设备使用登记证

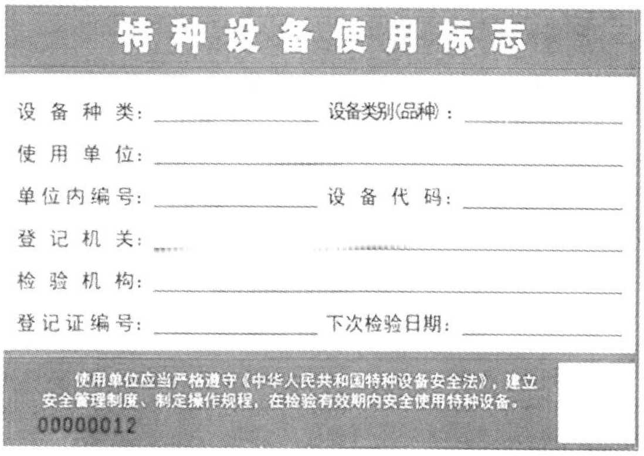

特种设备使用标志

设备种类：　　设备类别(品种)：
使用单位：
单位内编号：　　设备代码：
登记机关：
检验机构：
登记证编号：　　下次检验日期：

使用单位应当严格遵守《中华人民共和国特种设备安全法》，建立安全管理制度、制定操作规程，在检验有效期内安全使用特种设备。
00000012

图 4-3　特种设备使用标志

⑥运营使用单位应建立健全安全管理制度。

⑦运营使用单位应对每台（套）游乐设施建立技术档案，依法管理和保存。

⑧运营使用单位应按照安全技术规范和产品使用说明书的要求，开展设备运营前试运行检查、日常检查和维护保养、定期安全检查并如实记录。对日常维护保养和试运行检查等自行检查中发现的异常情况，应及时处理。在国家法定节假日或举行大型群众性活动前，运营使用单位应对游乐设施进行全面检查维护，并加强日常检查和安全值班。

⑨运营使用单位进行本单位设备的维护保养工作，应按照安全技术规范要求配备具有相应资格的作业人员、必备工具和设备。

⑩对超过整机设计使用寿命仍有修理、改造价值的游乐设施，运营使用单位应委托原制造单位或取得相应资质的制造单位进行评估，实施修理或改造后，确定继续使用的期限和条件。对超过整机设计使用寿命，经评估存在严重事故隐患，且无修理、改造价值的，运营使用单位应予以报废，并办理相关的注销手续。

⑪运营使用单位应在游乐设施的入口处等显著位置张贴乘客须知、安全注意事项和警示标志，注明设备的运动特点、乘客范围、禁忌事宜等。

⑫运营使用单位应制定应急预案，建立应急救援指挥机构，配备相应的救援人员、

营救设备和急救物品。对每台（套）游乐设施还应制定专门的应急预案。运营使用单位应加强营救设备、急救物品的存放和管理，对救援人员定期进行专业培训，每年至少对每台（套）游乐设施组织1次应急救援演练。运营使用单位可以根据当地实际情况，与其他运营使用单位或公安消防等专业应急救援力量建立应急联动机制，制定联合应急预案，并定期进行联合演练。

⑬运营使用单位法定代表人或负责人对游乐设施的安全使用管理负责。运营使用单位应设置专门的安全管理机构并配备安全管理人员，或配备专职的安全管理人员，并保证设备运营期间，至少有1名安全管理人员在岗。

⑭运营使用单位的安全管理机构和安全管理人员，应按照规定履行各自的职责。

⑮运营使用单位应按照安全技术规范的要求，配备满足安全运营要求的持证操作人员和服务人员，并加强对服务人员岗前培训教育，使其掌握基本的应急技能，协助操作人员进行应急处置。

⑯游乐设施的安全管理人员、修理人员和操作人员应按照 TSG Z6001《特种设备作业人员考核规则》的规定，经考试合格，取得《特种设备安全管理和作业人员证》后（见图 4-4），方可从事相应的作业活动。运营使用单位应对管理、修理和操作人员定期进行业务培训和安全教育，经考试合格后方可上岗。

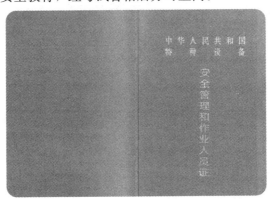

图 4-4　特种设备安全管理和作业人员证书

⑰乘客在乘坐游乐设施前，工作人员应提醒乘客应当认真阅读并自觉遵守乘客须知和警示标志的要求。乘客有义务听从工作人员和服务人员的指挥，不做损坏设施、危及自身及他人安全的行为。

二、乘客须知和安全标志

（一）乘客须知

国家标准规定，在游乐设施明显处应公布乘客须知，操作、服务人员应随时向乘客宣传注意事项，制止乘客的危险行为。

乘客在乘坐游乐设施前，工作人员应提醒乘客应当认真阅读并自觉遵守乘客须知和警示标志的要求。乘客有义务听从操作、服务人员的指挥，不做损坏设施、危及自身及他人安全的行为。

每台（套）游乐设施都应在游客进口处等明显的位置设置"乘客须知"，其内容应按照产品使用说明书，根据该游乐设施的特点制定，一般应标明以下内容（不仅限于此）：

①乘坐游乐设施的禁忌病症；

②乘客身高、年龄等限制；

③必须由成年人陪同乘坐的要求；

④禁止乘客进入的区域；

⑤乘坐游乐设施需要注意的其他事项。

禁忌病症主要是指心血管、高血压、癫痫、精神等疾病以及恐高症、眩晕症等病症，患有这些疾病的乘客不能乘坐一些特别惊险刺激的游乐设施，否则容易突发病变而出现意外。

乘客的身高、年龄等应按照产品使用说明书中给出的要求作出限制，如身高 1.2m 以下儿童不能乘坐；高龄老人不能乘坐等。

有些未成年人不能单独乘坐的游乐设施，必须明确提出要有成年人陪同乘坐进行监护的要求，否则应拒绝其乘坐。

在游乐设施运行现场，应明确划分出游客绝对不能进入的区域，以免造成意外的人身伤害。

根据各类游乐设施的运行特点和要求，指出在乘坐时应特别注意的其他安全事项。

游乐设施的"乘客须知"举例见图 4-5。

图 4-5　乘客须知

（二）安全标志

国家标准规定，必要时，应在游乐设施明显的位置设置醒目的安全标志。安全标志分为禁止标志（红色）、警告标志（黄色）、指令标志（蓝色）和提示标志（绿色）

等四种类型。安全标志的图形式样应符合 GB 2894《安全标志及其使用导则》、GB 13495.1《消防安全标志第 1 部分：标志》的规定。

1. 安全标志的颜色和形状（见图 4-6）

安全标志是用以表达特定安全信息的标志，由图形符号、安全色、几何形状或文字构成。

禁止标志的安全色为红色，是禁止人们不安全行为的图形标志，禁止标志的基本型式是带斜杠的圆边框。

警告标志的安全色为黄色，是提醒人们对周围环境引起注意，以避免可能发生危险的图形标志，警告标志的基本型式是正三角形边框。

指令标志的安全色为蓝色，是强制人们必须做出某种动作或采用防范措施的图形标志，指令标志的基本型式是圆形边框。

提示标志的安全色为绿色，是向人们提供某种信息的图形标志，提示标志的基本型式是正方形边框。

| 禁止标志 | 警告标志 | 指令标志 | 提示标志 |

图 4-6　安全标志示例

2. 文字说明

文字说明就是安全标志不能完全表达警示内容而需要通过文字形式加以说明。文字辅助标志为矩形边框文字标牌，与安全标志联合使用，文字采用横写形式，置于安全标志的下方，可以与安全标志连在一起，也可以分开（见图 4-7）。

图 4-7　文字辅助标志示例

游乐设施常用的安全标志见附录 3。

3. 安全标志牌的设置、检查和维护

安全标志牌应采用坚固耐用的材料制作，一般不应使用遇水变形、变质或易燃的材料。

安全标志牌应设在与安全有关的醒目地方，并使大家看见后，有足够的时间来注意它所表示的内容。标志牌应设置在明亮的环境中，设置的高度应尽量与人眼的视线高度相一致。

安全标志牌不应设在门、窗、架等可移动的物体上，以免标志牌随母体物体相应移动，影响认读。标志牌前不得放置妨碍认读的障碍物。

多个安全标志牌在一起设置时，应按警告、禁止、指令、提示类型的顺序，先左后右，先上后下地排列。标志牌的固定方式分为附着式、悬挂式和柱式三种，附着式、悬挂式的固定应稳固不倾斜，柱式的标志牌和支架牢固地联接在一起。

安全标志牌至少每半年检查一次，如发现有破损、变形、褪色等不符合要求时，应及时修整或更换。

（三）安全警示说明

对于一些没有安全警示说明容易造成乘客危险的游乐设施，必要时，在乘客乘坐处或附近应有明显的安全警示说明（包括文字和图形等）。例如：水滑梯的入口处应有乘客下滑方式的标志牌等说明。对一些高速运行的游乐设施，在乘客乘坐处宜有"请勿向外伸手"等安全警示说明（见图 4-8）。

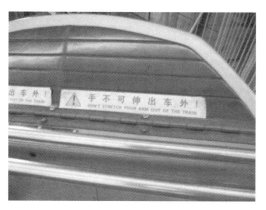

图 4-8　安全警示说明

三、防疫工作

运营使用单位应在游乐设施运营过程中做好防疫和清洁卫生工作。

游客在购票时可以实行实名登记信息，并进行体温测量，体温正常方可购票。在游乐园门口，游客还需要再次出示健康码并测量体温，只有两次检测都合格的游客方可乘坐游乐设施。如果运营使用单位认为有必要，还需请乘客提供核酸检测证明。

　　对于乘客排队、设备乘坐等聚集区域应有人流管控措施，并有良好的通风条件。操作人员负责引导乘客分批入座、有序离场，避免游客过度集中。在设备运行结束后，工作人员应定时进行现场（特别是乘客接触部位）的清洁卫生和消毒，并按要求做好记录。

第五章　应急救援处置

第一节　常见故障和异常情况辨识

游乐设施在运营过程中，设备可能会出现突发性的故障和异常情况，包括突然停机、机械断裂、高空坠落等。如果对这些故障和情况处置不当，往往会酿成设备损坏和人身伤害事故。当设备发生故障、异常情况或将要发生事故前，往往会有许多异常征兆出现，操作人员应及时进行正确处置，并向安全管理人员和相关负责人报告情况，最大程度地避免或减轻事故（故障）造成的损害。

游乐设施故障和异常情况的辨识主要是在游乐设施运行中，根据其运行状态，判定产生异常情况的部位和原因。

游乐设施故障和异常情况的辨识应具备两种功能：一是，在不拆卸机械零部件的情况下，能定量测试和评价游乐设施相应部位所承受的应力、磨损、劣化与性能；二是，辨别运行的可靠性，确定零部件异常现象的修复方法。

1. 基本辨识方法

游乐设施故障和异常情况的辨识包括两个部分：一是辨识游乐设施正常状况的初级技术，主要由现场作业人员在运行中实施的简易辨识技术；二是为了决策运行安全的专门分析技术，主要由修理人员实施的精密辨识技术。

（1）简易辨识技术

①游乐设施整机及零部件所受磨损及应力趋向控制和异常磨损的检测；

②游乐设施运行的劣化情况的趋向控制和早期发现；

③游乐设施运行性能的趋向控制和异常检测；

④游乐设施运行的监测和保护；

⑤指出呈现异常情况表现的结构或零部件。

（2）精密辨识技术

精密辨识技术的目标，是对被简易辨识技术判定为"有异常"部位进行专门的辨识，以便采用必要的措施和维修技术，它应具备以下功能：

①故障和异常情况的形式和种类；

②游乐设施故障和异常情况的检查分析与排除；

③了解、分析故障和异常情况的原因；

④了解、分析故障和异常情况在运行状态下的危险程度及其发展结果；

⑤分析、消除故障和异常情况的状态和方法。

（3）辨识故障和异常情况的方法

辨识故障和异常情况的方法主要有两种，一是感官直接观察与判断；二是仪器仪表检测与分析。感官直接观察可取得零部件及元器件状况的第一手资料，然后根据实践经验作出判断。这种方法只能对观察到的零部件等作出定性判断，再采用便携式仪器来充实感官观察能力。仪器仪表检测是采用专门的故障诊断分析仪，通过对游乐设施零部件的振动、噪声、温度的测量，磨损微粒的分析和设备性能的测试等，来对异常情况进行定量分析。

2. 振动与声响异常情况的感官辨识

机械设备故障的仪器仪表辨识技术（精密辨识技术）在我国得到广泛的应用，并取得了一些成绩，但在游乐设施的异常情况辨识中的应用才刚刚开始。这项技术大都用于及时掌握机械设备的运行状态，属于预防性手段，还需要配备完整的监测系统，因而还存在一定的局限性。

在游乐设施运行现场对故障和异常情况进行感官辨识，是指采用人体感觉器官的功能和实际工作经验的积累相结合的判断方法，对游乐设施的某些故障和异常情况进行辨识。游乐设施的异常振动和声响是最常见的异常情况，它占的比例很高。引起异常情况的原因很多，只要对异常情况采用振动与声响技术等的基础知识，利用振动与声响的产生、传播原理，运用人体感官对游乐设施振动与声响异常情况产生的原因进行分析，经过多次反复实践，就能达到准确、迅速的辨识目的，即能迅速找到异常点，使游乐设施的修理工作顺利进行。

应用仪器仪表辨识技术的同时，伴随人体感官辨识的方法，可以使游乐设施故障和异常情况得到正确快捷的处理。

（1）感官辨识的程序

用人体感官判断游乐设施异常振动与声响时，通常是围绕异常部位机械零部件走一走，听一听，并注意观察一些明显的特征。通过宏观的看、听、嗅、摸等方法取得的异常情况信息，有利于分析异常情况产生的原因以及声响传播的方向。采用感官贴近零部件仔细鉴别，还能了解和掌握异常情况的特性与规律。

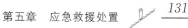

对于游乐设施振动与声响异常情况的感官辨识，一般可参照下列程序进行。

①首先确定故障和异常情况所在位置：即属于游乐设施的哪个机构，哪种工况。这时对可疑的机构在不同的工况下动作，即可直接察觉出故障和异常情况的可疑点。

②了解异常情况的变化规律：在游乐设施振动与声响异常区域周围，感知异常振动的强弱，或谛听异常声响的强烈程度，判断异常振动与声响随运行变化的规律。

③确定异常振动与声响类别：从声响的方向性，凭听觉确定机构中存在的声响类别，如撞击声、咔咔声、轰隆声、雷鸣声、嗡嗡声、尖叫声等，将异常声响与正常噪声区别开来，以及确定声响在机构或系统中发生的位置。这些异常声响可能分别来自传动机构、驱动装置、连接件、接触点、机座、电气元件、液压系统等的振动。

④掌握振动与声响随时间变化的规律：在游乐设施异常情况现场感官辨识时，可以发现振动与声响随着时间变化的一些规律，如间歇性、持续性、脉冲性等规律。对于可见的振动，能用肉眼清晰地分辨振动异常情况的表现，对于轻微的振动，几乎不可能用肉眼分辨，可用手触摸来进行鉴别。异常振动强弱可用两只手分别去触摸系统中两个相邻的零部件外壳部位，从感觉上获得异常振动传递的信息。

⑤确定异常振动源或响声源：探讨振动传播及响声辐射的指向及其原因，寻找和确定系统中哪个零部件是响声辐射体，或哪些零部件与结构件是受激振动体。分析对发出异常声响有影响的因素，针对受振动体、声响辐射体，分析引起异常情况的可能因素，采用逐个排除法，确定振动源或声响源。

⑥确定修理方案：根据对振动与声响异常判断结果，确定维修方案，采用从简到繁和机电联合的修理原则对异常情况进行检修，认真做好检修记录和修后检验、信息反馈等工作。

（2）感官辨识的注意事项

①振动与声响的特征：机械振动是产生声响的一种因素，但是机械振动本身并不直接发出声响。一般是通过激励振动或固体传动的接触过程产生声响，从机件表面向外辐射声波。异常振动有低频振动，一般没有清晰或强烈的声响，或只是声响较弱，感官难以从机械传动的正常运行声响中分辨清楚。还有就是高频振动，这种振动是产生强烈声响的根本原因。

②感官辨识振动与声响异常的条件：在游乐设施传动机构运行状态下，对其振动与声响异常情况进行感官辨识，确定原因后，才能停机拆卸、检查相关零部件或元器件。因为这类异常情况在停机状态下是无法辨识的。因此，游乐设施的振动与声响异常情况源没有确定之前，切忌随意拆卸，避免检修过程复杂化。

③重视系统中零部件特征：在感官辨识游乐设施振动与声响异常情况时，应细心研究传动机构中零部件的形状特征、动刚度、材料阻尼力、壁厚、表面积和表面平滑程度等特点。系统中若有多个空腔壳形零部件时，通常以阻尼力低、动刚度小、薄壁

且与空气接触面积大，绕本身轴线作旋转运动的壳形件容易激励诱发振动，通过壁面向外表面辐射异常声响而成为发声器。因而在异常情况的感官辨识过程中应该充分重视声响技术的应用，根据声响的相关特性（如传递原理、指向性等），认真仔细查找振动源，不要简单地认为，能够听到声响的部位就是异常点（振动源和声响源）。

④异常的振动与声响因素：根据实际经验，强烈的声响或剧烈的振动情况往往是由于一些极为平常的因素引起的。如机械连接或接头松动、电气元件接触不良、三相电源电压不平衡引起系统产生电磁振动，它们在游乐设施声响与振动异常情况中占有很大比例。只要有了认识，其异常情况的原因查找并不困难，借助于常用仪器仪表的配合，感官辨识能收到很好的效果，对异常情况的检修也简单、可靠。因而可以将"松动""接触不良""电磁振动"等视为振动与声响异常情况的突破口。同时，感官辨识时必须详细地了解游乐设施的维护保养情况，良好的维护保养能够消除异常的振动与声响。

⑤感官辨识的作用：感官辨识方法是直接依靠人体感官功能，以及实践经验来完成的。因此，仪器仪表与人体感官功能对游乐设施故障和异常情况的辨识各具特色。感官辨识方法不受环境条件的约束，不受设备和机构系统的局限，具有速度快、简单易行的特点。尤其在游乐设施运行现场，随时随地可对故障和异常情况进行辨识。尽管现代辨识诊断仪器仪表发展很快、应用也很广，但感官辨识方法在游乐设施运行现场仍然是一种不可缺少的辨识手段和方法。

第二节　应急预案与措施

游乐设施一旦发生事故，或突发设备故障造成游客高空滞留时，游乐设施运营使用单位应当能够正确处置，迅速有效地展开救援行动。为最大程度地减少对游客的伤害，运营单位应当事前制定应对各种可能突发状况的应急预案，建立应急救援指挥机构，配备相应的救援人员、营救设备和急救物品，并定期进行演练。

一、应急救援的基本原则和任务

游乐设施应急救援工作应始终坚持"安全第一、预防为主"的方针和"以人为本、常备不懈"的理念，贯彻争分夺秒、重视抚慰、恢复运转、应急优先、人工救援辅佐的原则。实际操作中，应针对现场不同类型的设备、发生的不同情况，采取不同的应急措施。在保障游客安全的同时，还要保证救援人员和作业人员的自身安全，防止次生事故的发生。

游乐设施的主要危险和故障主要表现在：环境因素、设备故障（包括机械故障和电气故障）、管理不当和操作失误，以及游客因素等方面。这些因素可能导致游客的滞

留、伤害，甚至死亡，以及设备损坏，应急救援的任务包括：

1. 抢救受伤人员

抢救受伤人员是应急救援工作的首要任务，在现场应急救援作业中，是减少事故损失的关键。

2. 控制危险源

及时有效地控制造成事故的危险源是应急救援工作的重要任务，只有控制住危险源，才能防止事故的进一步扩大，才能有效地进行应急救援。

3. 疏散游客

由于大部分游乐设施事故发生突然，扩散迅速，后果严重，应组织、帮助和指导游客采取正确的保护措施和方法，并迅速疏散到安全区域。

4. 保护现场

目的是为了能够防止次生事故的发生，有利于事故的调查分析。

5. 查清事故原因

事故发生后应及时调查事故发生的原因和事故性质，评估事故波及的范围以及危害程度，查明人员伤亡情况，经济损失情况等。

二、应急预案编制

特种设备事故应急预案是指为有效预防和控制特种设备可能发生的事故，最大程度减少特种设备事故发生的可能性及其可能造成损害而预先制定的工作方案。

游乐设施运营使用单位应依据有关法律法规、国家标准 GB/T 33942《特种设备事故应急预案编制导则》，以及产品使用说明书等制定应急预案，根据单位实际情况，建立应急救援指挥机构，配备相应的救援人员、营救设备和急救物品。

游乐设施运营使用单位针对每台（套）游乐设施应编制专门的应急预案，并进行检查和落实。

1. 编制程序

（1）成立编制工作组

成立以使用单位主要负责人为领导，相关部门或人员组成的应急预案编制工作组。结合本单位各部门职能分工，明确编制任务和职责分工，制定工作计划。

（2）基本情况调查

应急预案编制工作组首先要对本单位情况和特种设备情况进行调查，主要内容包括：

①单位名称、法人代表、负责人、地址、邮编等；

②单位经济性质、隶属关系、生产规模、人员数量等；

③单位组织架构等；

④特种设备种类、数量、介质、用途及分布等；

⑤特种设备的平面布置图；应急设施（备）平面布置图；

⑥特种设备所处地区的地理、气象、水文、灾害等情况；

⑦特种设备所处地区周边区域人口密度、数量；主要建筑物性质、距离；可利用的安全、消防、救护设施分布情况；

⑧道路情况及距离（附平面图）等。

应急预案编制工作组还应收集与应急预案编制有关的法律法规、安全技术规范和标准，以及有关特种设备资料。

（3）风险和应急能力评估

运用风险评估的方法，对本单位特种设备存在的风险进行识别，确定可能发生事故的类型和可能造成的后果，进行分析和评估，作为编制应急预案的依据，应明确的内容如下：

①各种特种设备可能发生的事故类型、原因、后果和影响范围等；

②自然灾害可能造成特种设备事故的说明。

应急预案编制工作组根据风险评估的结果，对本单位特种设备事故预防措施和应急人员、设施、装备与物质等应急能力进行评估，明确应急救援的需求和不足，提出资源补充、合理利用和资源整合的建议方案，完善应急救援资源。

（4）预案编制及评审

在风险和应急能力评估的基础上，按照本单位实际情况，以及特种设备应急预案编制要求，编写应急预案，完成后，应进行评审。通过后，应由本单位主要负责人签发实施。

（5）预案实施与改进

应急预案实施后，应按照有关规定组织培训和演练，适时对预案进行修订和更新，实现应急预案的持续改进。

2．主要内容

（1）总则

编制目的、依据、适用范围、工作原则等。

（2）基本情况

本单位的基本情况、特种设备基本情况、周围环境状况可利用的安全、消防和救护设施分布情况等。

（3）风险描述

特种设备存在的风险因素和风险评估结果，可能发生事故的后果和波及范围。

（4）应急组织

明确应急组织体系、人员及职责；应急指挥机构组织形式、构成部门或人员；指挥人员、相关部门或人员的职责和要求。

根据事故类型和应急工作需要，可设置现场应急指挥机构和相应的指挥人员、应急救援、警戒保卫、后勤保障、医疗救护、通讯联络、事故处置、善后处理等工作小组，明确各小组的工作任务和职责。

（5）预防与预警

明确预防和控制特种设备事故发生的技术和管理措施。根据有关法律法规，将特种设备事故分为不同等级，按级别明确事故预警的条件、方式和方法。

（6）事故报告信息发布

明确特种设备事故发生后，报告事故信息的方式、流程、内容和时限等，以及发布事故信息的程序和原则。

（7）应急响应与处置

包括分级响应、响应程序、监测监控、隔离警戒、人员疏散与安置、现场救护与医疗救治、事态控制等。

（8）应急结束和使用恢复

包括应急终止的条件和程序；现场清理和设施恢复要求；后续监测、监控和评估。

（9）事故调查

明确事故现场和有关证据的保护措施，按照有关规定，配合协助有关部门查找事故原因；进行事故调查处理；提出事故防范和整改措施。

（10）保障措施

包括通讯联络与信息保障、应急队伍保障、应急物质和装备保障、经费保障等。

（11）预案管理

包括应急预案培训、应急演练、应急预案修订、应急预案实施等。

三、营救装备和急救物品

游乐设施运营使用单位应根据本单位实际情况（如游乐园规模、设备数量、种类、等级等）配备救援人员（水上乐园还要配备专门的救生人员）、营救装备和急救物品。例如：

①个人防护用品：安全绳、安全带、安全帽、防护鞋等；

②救援设备：扶梯、升降平台、高空作业车，电动切割机、电焊机、气割机、备用发电机、应急照明灯具等；

③通讯设备：通信联络器材或设备等；

④消防设备：各种灭火器具、砂土、消防栓等；

⑤医疗救护设备：医药箱、止血带、担架、夹板、氧气瓶等；

⑥维修设备和工具：游乐设施维修用设备、通用工具和专用工具等；

⑦水上乐园还要专门配备的救援工具：救生衣、救生圈、救生棒、安全绳等；

⑧其他应急物资等。

救援人员应经过专门的培训，使之掌握紧急事故处理、救援知识和实际操作方法等。所有营救装备和急救物品应处于完好有效的状态。

游乐设施一旦发生意外事件，运营使用单位应立即启动应急预案，采取紧急救援措施，降低事故的损失。

四、应急救援措施

1. 突发故障的处理

①根据实际情况，按下紧急停止按钮；

②切断总电源，使游乐设施停止运行；

③关闭进出口，禁止无关人员入内；

④安抚游客（或说明情况），稳定现场状况；

⑤针对具体情况使用救援设备（或器材）和应急处置；

⑥引导游客安全有序撤离现场；

⑦报告安全管理人员和相关负责人；

⑧通知维修部门进行紧急检修；

⑨建立档案记录。

2. 发生事故后的处置

①立即停止游乐设施运行，并及时有序地疏导游客至安全地带，做好游客的安抚工作；操作人员应会同游客及时采取自救、互救措施，减少人员伤亡及财产损失；

②向单位相关负责人报告；

③拨打电话 119 报警电话和 120 急救电话；

④保护好事故现场和相关证据；

⑤积极配合有关部门开展事故调查；

⑥建立事故档案记录。

五、应急救援演练

特种设备事故应急演练，是指针对特种设备可能发生的事故场景，依据特种设备事故应急预案而模拟开展的应急活动。

应急救援演练的目的是为应急救援指挥人员和救援人员提供一次实战模拟训练的机会，使参与应急救援的人员熟悉必要的应急救援知识，为现场应急救援提供和积累宝贵经验。按照有关法律法规的规定，游乐设施运营使用单位应每年至少对每台（套）游乐设施组织1次应急救援演练，以提高应急救援的技术水平和熟练程度，演练情况应记录备查。应急演练的内容：

　　①模拟设备突发意外事件；

　　②立即停止设备运行；

　　③组织调动救援人员与设备；

　　④迅速抢救受伤人员；

　　⑤紧急组织人员疏散；

　　⑥保护事故设备现场；

　　⑦及时向上级有关部门报告。

　　应急救援演练一般分为演练准备、演练实施和演练总结三个阶段。演练结束后，应对其达到的效果进行评估，对于不适用的救援方式和方法应及时修正，保持救援预案的适用性。根据演练过程中发现的问题，及时完善、更新和修订应急预案的内容。

六、各类游乐设施的应急措施

　　游乐设施在运营过程中，有时会发生突发性的设备故障或人身伤害事故。当故障与事故发生或将要发生时，操作人员和服务人员应沉着镇静，按照应急预案，采取正确的应急措施进行处理，以减轻故障（或事故）造成的损失。

　　游乐设施大部分常见故障（或事故）的原因，以及对应的应急措施和预防措施举例参见表5-1。

表5-1　各种常见的异常现象应急和预防措施

异常现象	原因	应急措施	预防措施
各种误操作	操作人员精神负担过重、工作疲惫、注意力分散	设备停机，操作人员休息或更换操作人员	合理安排人员
各种误动作	操作人员与服务人员配合出错	按急停按钮，疏导乘客，有人员伤害应及时救助	明确各岗位人员责任和相互配合方式
	检测信号失灵，信号干扰	按急停按钮，疏导乘客，进行设备检查、维护	
乘人部分剧烈摇摆、非正常翻滚	设备故障	按急停按钮，疏导乘客，查找原因	加强日常设备检查维护
乘人部分超速	电气控制系统错误	按急停按钮，紧急情况下切断总电源，疏导乘客，进行设备检查	

续表

异常现象	原因	应急措施	预防措施
发生物理挤压、碰撞、剪切或缠绕	游客违反乘坐规定	按急停按钮，疏导乘客，及时联系相关医疗救助	做好游客安全文明乘坐宣传
	秩序混乱、场地管理不善	设备停机，救助伤员，疏散游客	加强现场管理
高空、高速坠物	机械连接失效	按急停按钮，疏导乘客，及时联系相关医疗救助	加强日常设备检查维护
	游客携带物品飞出	设备停机，疏导乘客，救助伤员	宣传安全乘坐须知
人员高空坠落	安全装置失效	按急停按钮，疏导乘客，设备停机，及时救助伤员，并送医院救治	加强设备日常检查，强化服务人员对安全装置的检查确认
大臂停止在某一角度，使游客停留在距地面某高度上	动力源突然中断	在判断安全的前提下应迅速切换电源，按操作规程手动控制大臂下降，使乘客处于安全状态	配备备用电源
		按操作规程，手动控制油缸回油使大臂下降，并控制下降速度，特别是行程末端应缓慢下降	操作人员熟悉应急救援方法
	阀体等处油路堵塞，也可能造成油缸回油不畅	应按操作规程手动控制油缸回油使大臂下降，并控制下降速度，特别是行程末端应缓慢下降	定期检查、清洁液压油
	机械卡死	根据设备情况固定可移动部分或故障部分，进行高空救援	注意设备运行有无异常声响；配备专用高空救援设备
油、气管等突然爆裂伤害	油、气压系统问题	按急停按钮，疏导乘客，进行设备检查	加强设备日常检查
	管路老化、油压过高、接头失效	按急停按钮，疏导乘客，进行设备检查	
设备整体倾翻	结构性损伤	自救的同时，请求外部支援，保护现场	
人员触电伤害	漏电	按急停按钮，切断总电源，疏导乘客，进行设备检查	
恶劣天气（雷电、台风、地震等）	天气	按急停按钮，设备停机，疏导乘客	根据天气预报和实际情况，安排设备是否运行

根据设备类别，各类游乐设施在出现紧急情况时应采取以下具体措施。

1. 自控飞机类游乐设施

①当设备运行过程中，突然发生座舱不能自动下降的情况，操作人员应立即按下紧急停止按钮，使设备停止运转，同时提示乘客抓紧把手坐好。

②迅速、正确打开手动泄压阀门，使座舱缓慢降到地面。若未停电，换向阀因故不能换向时，亦可采用此方法。

③搀扶需要帮助的乘客出舱下车，并进行安抚。

④及时报告安全管理人员和有关负责人，通知维修人员检修设备。

⑤找出原因，排除故障，经试运行正常后，方可重新投入运营，接待游客。

2. 观览车类游乐设施

①在观览车上升过程中，有乘客产生恐惧时，要立即停车并反转，将恐高的乘客疏散下来。不要等转动一圈后再停下来，时间长可能出现意外。

②当发现吊箱门未锁好时，要立即停车并反转，操作人员将两道门锁均锁好后再开机。

③当运转中突然停电时，要及时通过广播向乘客说明情况，让乘客放心等待。立即采用备用动力源将乘客疏散下来。

3. 转马类游乐设施

①当乘客不慎从马上掉下来时，操作人员应立即提醒乘客不要下转盘，否则会发生危险。

②当有乘客将东西掉进或脚挤进转盘与站台间隙中时，要立即停机。

4. 陀螺类游乐设施

①当升降大臂不能下降时，先停机，然后手动打开泄压阀，使大臂徐徐下降。

②当吊椅悬挂轴断裂时，因有二次保护钢丝绳，椅子不会掉下来，但要立即告诉乘客抓紧扶手，同时停机，将吊椅放下。

5. 滑行车类游乐设施

①正在向上拖动着的滑行车，若设备或乘客出现异常情况，按动紧急停止按钮，停止设备运行，然后将乘客从安全通道疏散下来。

②如果滑行车因故停在斜坡的最高点上，应从车头开始，依次向后，帮助乘客沿安全通道进行疏散。注意一定不要从车尾开始疏散，否则滑行车重心前移，有可能导致自动下滑，造成事故。

6. 赛车类游乐设施

①当小赛车冲撞拦挡物翻车时，操作人员应立即赶到出事现场，并采取救护措施。

②小赛车进站不能停车时，操作人员应立即上前，拉动后制动器的拉杆，协助停车，以免冲撞其他车辆。

③车辆出现故障，操作人员在跑道内排除故障时，绝对不能再发车，以免冲撞。

故障不能马上排除时，要及时将车辆移到跑道外面。

7. 碰碰车类游乐设施

①车辆的激烈碰撞，使游客胸部或头部碰到方向盘而受伤时，操作人员要立即停电，采取救护措施。

②突然停电时，操作人员要切断电源总开关，并将乘客疏散到场外。

③万一有乘客触电，要立即采取正确、有效的急救措施。

8. 水上游乐设施

①如有游客落水，应迅速利用救护器材（船、木板、救生圈、救生衣等），采用间接救护方法进行水上救护。

②如果现场没有救护器材，可采用直接救护方法，由救生人员进行水上救护。

③万一有游客溺水，救护上岸后要立即采取正确、有效的急救措施。

游乐设施在运营中如果发生人员伤亡事故，现场作业人员应当采取以下措施：

①根据实际情况，立即停止游乐设施运行；

②报告单位负责人，疏散游客；

③救助（护）受伤人员，立即拨打120急救电话，向医疗救护机构求援；

④保护好事故现场以及相关证据；

⑤配合事故调查和处理。

七、意外情况的现场应急处置

游乐设施在运营中可能发生：乘客身体不适或产生恐惧、突然停电、设备机械故障或控制系统故障、设备运行出现异常声响或振动、天气突然变化，以及人员伤亡等意外情况，这就要求操作人员能够在现场进行紧急处置，只有方法正确、处置得当、救援到位，才能保证乘客的安全。

下面介绍几种情况的现场应急处置方法。

1. 乘客身体不适的应急处置

在游乐设施运行过程中，操作人员应时刻注意观察乘客的状态，如发现有乘客身体不适或示意停机时，要立即通过广播或扩音器通知乘客抓紧坐稳，做好紧急停机准备，然后按下紧急按钮，待设备停稳后，立即搀扶身体不适乘客下车。并根据乘客的身体状况，采取相应的安抚或救护措施。

对于一些停机后不能及时疏导乘客的游乐设施（如摩天轮等），操作人员首先应通过广播安慰乘客，再根据其乘坐的座舱位置，确定用最快速度使身体不适乘客返回地面的方法（如让摩天轮反转等）。虽然，各类游乐设施差别较大，但对身体不适乘客的应急处置原则是一样的，就是用最短的时间、最快的速度将身体不适乘客安全疏导到地面，同时要避免对其他乘客造成伤害。

2. 乘客滞留高空的应急处置

一些运行高度比较高的游乐设施（如过山车、观光塔、高空飞翔等）如果遇到停电、机械故障、恶劣天气等因素的影响，容易造成设备停运，把乘客滞留在高空。此时，操作人员应根据实际情况，采取立即停机措施，切断电源，按应急预案报告单位负责人，并通知相关人员开展应急救援。

（1）过山车滞留乘客的处置

当过山车因停电、机械故障等因素停留在提升段时，应急救援人员应立即赶到现场，沿安全走道到达车辆位置。固定车辆后，从头至尾，用手动方式逐一为乘客打开安全压杠，并搀扶乘客下车；乘客应按秩序在应急救援人员帮助下，沿着安全通道回到地面。

如果过山车由于机械故障卡在滑行轨道（特别是最高端）上时，应急救援人员首先应将车辆固定住，以避免在救援过程中因车辆滑动而造成人员伤害，再用扶梯或升降平台将乘客安全有序地撤离到地面，对身体有不适乘客进行帮助或送医院治疗。如果运营使用单位不能自行解决时，应按照应急预案，请求社会救援力量的支援。

（2）摩天轮滞留乘客的处置

摩天轮因停电等因素停止转动时，操作人员应在判断安全的情况下，立即启动备用电源，并按规定通知和疏导乘客。如果是由于设备故障引起的，应迅速查明故障原因，待排除故障后再平稳启动。如果故障短时间内无法排除，应急救援人员应根据乘客的数量等确定相应的救援方式，如果不能自行解决，应按照应急预案，请求社会救援力量的支援。

（3）自控飞机等滞留乘客的处置

对于自控飞机等采用液压或气动升降的游乐设施，一旦滞留乘客时，操作人员应通过广播或扩音器通知乘客抓紧坐稳，同时迅速手动打开泄压阀门，使座舱慢慢下降到地面，然后搀扶乘客出舱。在进行此项操作时，要控制好泄压速度，以避免下降速度过快可能对乘客造成伤害。

3. 遇到恶劣天气的应急处置

游乐设施在运营过程中，如果突然遇到恶劣天气（如雷雨、大风等），一般情况下，操作人员应立即停止设备运行，并安排游客疏散到安全地带躲避。

对于一些不能立即停机撤离乘客的游乐设施（如摩天轮等），当座舱强烈摆动时，操作人员要用广播通知乘客抓紧坐稳，并根据乘客的分布情况，选择最快撤离乘客的运行方式，将乘客疏导到地面。在此过程中，应监测座舱摆动情况，如果风大时要停止设备运转，并告诉乘客，待风小后再继续运转，直至将所有乘客都安全转移到地面。

4. 人员伤亡事故的应急处置

如果游乐设施在运行中，发生人员伤亡事故，现场操作人员应立即停止设备运行；

第一时间报告单位负责人；向医疗救护机构求援。运营使用单位相关人员得知情况后应迅速赶到现场处置；应急救援人员展开救援，使受伤人员离开设备，转移到安全地带；采取现场紧急救护措施。视受伤人员实际情况，请医生到现场诊断治疗或送医院救治。

八、应急救援

游乐设施的应急救援就是当游乐设施发生突发性事故或故障时，能够按照应急预案的要求，在统一领导和统筹有序的指挥下，调配人力和物力资源，各岗位人员各司其职、各负其责，采取有效的应急处置和救援，最低限度地减少人员伤亡和财产损失，降低不良的社会影响，同时要保障游客、作业人员和救援人员的人身安全和健康，防止次生事故的发生。

1. 应急要点和提示

①游客在游玩过程中出现身体不适、感到难以承受时应及时大声提醒工作人员停机。

②出现非正常情况停机时，乘客千万不要乱动和自己解除安全装置，应保持镇静，听从工作人员指挥，等待救援。

③出现意外伤亡等紧急情况时，切忌恐慌、起哄、拥挤，应及时组织人员疏散、撤离。

④认真阅读"游客须知"，听从工作人员讲解，掌握游玩要点。患有高血压、心脏病等人员不要游玩与自己身体不适应的项目。

⑤监护未成年人游玩。

2. 应急时人员疏散与安置原则、措施及启动条件

事故发生后，安全保卫人员应立即赶赴事故现场进行现场保护和警戒，迅速组织游客和现场人员撤离事故现场或危险区域，设置警示标志，封锁事故现场或危险区域。必要时，可以请求公安部门派员协助维护现场秩序；封锁事故现场；保障道路顺畅；实施救援等。事故现场应开辟应急抢险人员和急救车辆出入的专用通道和安全通道。

3. 事故现场的警戒

包括救援现场的警戒区域，事故现场警戒和交通管制程序，救援队伍、物资供应、人员疏散以及警戒开始和撤消步骤等。

4. 医疗服务

医护人员应依照预案的要求，积极跟进救援，为受伤人员提供及时的现场医疗救治和受惊游客的心理抚慰，对受伤较重人员，要根据伤情及时提供座椅、担架、开水、药品等帮助，适时进行转移治疗。对危重伤（病）人员应立即联系附近医院或急救中心，请求救助。

5. 保护应急救援人员的安全

参加应急救援的人员应按照应急预案的要求，配备各种个人防护用品、救援设备和急救物品。服从应急救援指挥部的指挥、调动，按照要求进入和撤离现场，能正确使用救援装备和急救物品。在各种情况下，能够依托现有的资源和装备熟练地开展应急救援、自救和互救。

6. 报道和求助

①应急救援过程中的新闻报道工作应由应急救援指挥部指定专人负责，按照及时主动、准确把握、正确引导、讲究方式、注重效果、遵守纪律、严格把关的原则进行。

②应急救援指挥部在启动应急预案的同时，根据事态发展和事故现场需要，在向当地人民政府报告的同时，决定是否请求政府依据有关规定调动和征用有关单位人员、物资、器材、场地等，实施社会救援。社会救援力量包含公安、消防、医疗等单位，以及特种设备检测检验机构、临近的游乐设施生产单位等。

7. 设备和物资保障

①应急救援装备和急救物品应列表，要求明确类型、数量、性能、存放位置、管理责任人及其联系方式等。

②制定设备、物资（经费）支持工作程序。

8. 救援结束和善后处理

当受困人员得到解救，受伤人员得到救治，其他人员得到疏散，事故隐患得到消除，应急救援指挥部可以根据实际情况宣布救援结束。如果发生重特大事故，应取得有关管理部门同意后，方可宣布应急救援结束。

善后处理包括以下内容：

①做好被救人员的抚慰工作，做好伤亡人员家属的安抚、理赔、抚恤、保险等善后工作；

②全面检查游乐设施，确定消除事故（故障）隐患后，方可重新投入运营；发生人身伤亡事故的，设备应经过重新检验合格后，方可投入运营；

③对使用过的救援设备和急救物品应进行全面检查、保养、补充和更换，并按规定存放。

第三节　常用急救方法

游乐设施在运营过程中，如果发生意外，就有可能发生人员（游客或作业人员）伤亡事故，为了在现场展开有效的应急救援，降低伤害程度，作业人员必须掌握一些现场常用的急救方法。

一、触电事故的急救

1. 触电类型

根据电流通过人体的路径和触及带电体的方式，一般可将触电分为单相触电、两相触电和跨步电压触电。单相触电是当人体某一部位与大地接触、另一部位触及一相带电体所致。按电网的运行方式单相触电又分为两类：一类是变压器低压侧中性点直接接地供电系统中的单相触电；另一类是变压器低压侧中性点不接地供电系统中的单相触电。两相触电是发生触电时人体的不同部位同时触及两相带电体（同一变压器供电系统）。两相触电时，相与相之间以人体作为负载形成回路电流，此时，流过人体的电流完全取决于与电流路径相对应的人体阻抗和供电电网的线电压。跨步电压触电是指在电场作用范围内（以带电体接地点为圆心，20m 为半径的半球体），人体如双脚分开站立，则施加于两足的电位不同而致两足间存在电位差，此电位差便称为跨步电压，人体触及跨步电压而造成的触电，称跨步电压触电。跨步电压触电时，电流仅通过身体下半部及两下肢，基本上不通过人体的重要器官，故一般不危及人体生命，但人体感觉相当明显。当跨步电压较高时，流过两肢电流较大，易导致两肢肌肉强烈收缩，此时如身体重心不稳（如奔跑等）极易跌倒而造成电流通过人体的重要器官（心脏等），引起人身死亡事故。除了输电线路断线落地会产生跨步电压外，当大电流（如雷电电流）从接地装置流入大地时，若接地电阻偏大也会产生跨步电压。

2. 触电事故的特点

电流通过人体对人造成的损伤称为电击伤，但在电压较高或被雷电击中时，则是因电弧放电而损伤。触电事故发生都很突然，极短时间内释放的大量能量会严重损伤人体，往往还会危及心脏，死亡率较高，危害性极大。触电事故的发生虽比较突然，但还是有一定的规律性。如果我们掌握了这些规律，搞好安全工作，触电事故还是可以预防的。根据对事故的统计与分析，触电事故的发生有如下规律。

①事故的原因大多是接触电源的人员缺乏安全用电知识或不遵守安全用电技术要求违章所致。

②触电事故的发生有明显的季节性。一年中春、冬两季触电事故较少，夏、秋两季特别在六、七、八、九月中，触电事故特别多。据上海市有关部门的统计，历年上海地区六、七、八、九月中触电死亡人数约占全年死亡人数的 2/3 以上。其原因是这一时期气候炎热，多雷雨，空气中湿度大，导致电气设备的绝缘性能下降，人体也因炎热多汗使皮肤接触电阻变小；再加上衣着单薄，身体暴露部位较多。这些因素都大大增加了触电的可能性，并且一旦发生触电，通过人体的电流较大，后果严重。因此游乐园（场）在这段时间要特别加强对用电部位、电气设备、电气线路的检修，保证绝缘符合要求。

③低压工频电源触电事故多，尤其是家用、日用电器触电事故较多。据统计，这

类事故占触电事故总数的 99％以上。这是因为低压设备的应用远比高压设备广泛，人们接触的机会较多，加之安全用电知识未能普及，误认为 220/380V 的交流电源为"低压"。实际上，这里的工频低压是相对几万伏高压输电线而言的，但对于 50V 以下的安全电压来讲，仍是能危及生命的高压，应引起重视。

④潮湿、高温、有腐蚀性气体、液体或金属粉尘等场所较易发生触电事故。

3. 触电的现场处理

触电时的现场处理可以分为：使触电者迅速脱离电源和现场心肺复苏两大部分。

（1）迅速脱离电源

发生触电事故后，首先要使触电者在最短的时间内脱离电源，这是对触电者进行现场急救重要的第一步。

一旦发生触电事故时，切不可惊慌失措，束手无策，首先要设法使触电者脱离电源，方法一般有以下几种。

①切断电源。当电源开关或电源插头就在事故现场附近时，可立即拉下开关或将电源插头拔掉，使触电者脱离电源。必须指出：普通的灯具开关（如拉线开关）只切断一根导线，且有时断开的不一定是相线，因此，这时关掉开关并不能被认为是切断了电源。

②用绝缘物移去带电导线。当带电导线触及人体引起触电，且不能采用其他方法解脱电源时，可用绝缘的物体（如木棒、竹竿等）将电线移掉，使触电者脱离电源。

③用绝缘工具切断带电导线。发生触电事故，必要时可用绝缘的工具（如带有绝缘柄的电工钳、木柄斧以及锄头等）切断导线，以使触电者脱离电源。

④拉拽触电者衣服，使之摆脱电源。若现场不具备上述三种条件，而触电者衣服是干燥的，救护者可用包有干毛巾、干衣服等干燥物的手去拉拽触电者的衣服使其脱离电源。

必须指出，上述办法仅适用于 220～380V 电压触电的抢救。对于高压触电应及时通知供电部门，采用相应的紧急措施，否则容易产生新的事故。

总之，发生触电事故最重要的是在现场要因地制宜，灵活采用各种方法，迅速安全地使触电者脱离电源。这里还应注意，触电者脱离电源后因不再受电流刺激，肌肉会立即放松，故有可能会自行摔倒，会造成新的外伤（如颅底骨折等），特别是事故发生在高处时，危险性更大。因此在解脱电源时应对触电者辅以相应措施，避免发生二次事故。此外，帮助触电者解脱电源时，应注意自身安全，同时还要注意不能误伤他人。

（2）现场心肺复苏

对解脱电源的触电者应作简单诊断，迅速判断其是否丧失意识，然后根据不同情况分别对待。触电后 6min 内即开始心肺复苏抢救最为有效，且越早越好。

①对神志清醒，但乏力、头昏、心悸、出冷汗，甚至有恶心或呕吐的触电者，应

让其就地安静休息，以减轻心脏负荷，加快恢复。对情况比较严重的，应小心将其送往医院，请医务人员检查治疗。在送往医院途中要注意观察触电者状况，以免发生意外。

②对呼吸、心跳尚存在，但神志不清的触电者，应使其仰卧，保持周围空气流通，注意保暖，并且立即拨打120医疗急救电话，或用担架将触电者送往医院，请医护人员进行抢救。同时还要严密进行观察，做好人工呼吸和体外心脏按压急救的准备工作，一旦触电者出现"临床死亡"状态应立即进行抢救。

③对已处于"临床死亡"状态的触电者，应立即现场进行心肺复苏抢救。

a. 如果呼吸停止有心跳，采用口对口（鼻）进行人工呼吸（见图5-1），抢救者一手按压在触电者的前额，用拇指和食指捏住鼻翼使其紧闭，另一手托住触电者的颈部，用力将手上抬使头部充分后仰，然后深吸一口气，紧贴触电者的嘴（鼻）成密封状态，用力吹气持续1～1.5s，斜视触电者胸部隆起，吹气完毕；抢救者头稍侧再深吸一口气，同时立即放松紧捏鼻翼的手，让气体排出，使触电者胸部和腹部恢复原状，整个吹停时间约为3s，如此反复，以便使触电者呼吸及时得到复苏。

注意：抢救频率应掌握在吹停2～16次/min。儿童不能紧捏鼻翼，吹气不能过分用力。

b. 如果心脏停止跳动但有呼吸，采用体外人工心脏按压法（见图5-2）。抢救者先将一手的中指指尖对准触电者颈部凹陷处下缘，把手指伸直后用手掌放在触电者胸骨上，掌根部位（约胸骨1/2处），即为压区。然后，抢救者两手相叠，两肘关节伸直，将掌根放在压区，使胸骨与相连的肋骨下陷30～50mm（成人40～50mm；儿童30mm，并用单手按压），充分压迫心脏，使心脏血液搏出，然后突然放松（掌根不能离开胸壁），使血液流回心脏。如此反复，直至心跳恢复。

注意：按压和放松的时间要大致相同，按压频率应掌握在80～100次/min。

c. 如果呼吸和心跳全部停止，则需要两人或一人进行体外心脏按压和口对口人工呼吸（见图5-3），方法基本同上，只是由一人单独复合进行或两人共同进行。

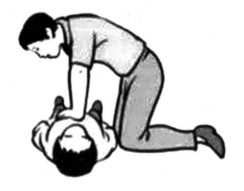

图5-1　口对口人工呼吸　　　　　图5-2　体外人工心脏按压

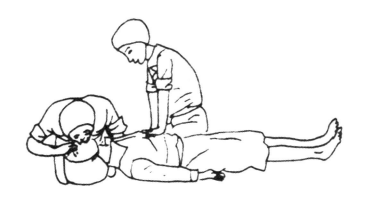

图 5-3 体外心脏按压和口对口人工呼吸

在进行上述抢救时，如触电者同时有外伤，应视其伤势严重程度分别进行处理。对不危及生命的轻伤，可在心肺复苏后处理；对有严重外伤，应与心肺复苏同时处理，如止血、伤口包扎等，并应尽量防止创面感染。

现场抢救不能轻易中止，即使在送往医院的途中，也必须继续坚持进行抢救，边送边救直至心跳、呼吸恢复为止。

二、火灾事故受伤人员的急救

①发生火灾后应立即切断电源，以防止扑救过程中造成触电。若是精密仪器起火应使用二氧化碳灭火器进行扑救；若是油类、液体胶类发生火灾应使用泡沫或干粉灭火器，严禁使用水进行扑救。若火灾燃烧产生有毒物质时，扑救人员应该佩戴防毒面具后方可进行扑救。在扑救火灾的过程中，始终坚持救人第一的原则，首先救人。

②对火灾受伤人员的急救，应根据受伤者情况，结合现场实际施行必要的医疗处理。对烧伤部位要用大量干净的冷水冲洗。在伤情允许情况下，应将受伤人员搬运到安全地方去。

③如发生人员伤亡事故时，应立即拨打120医疗急救电话，说明伤员情况，告知行车路线，同时安排人员到入场口指引救护车的行车路线。

三、坠落事故受伤人员的急救

①要清除坠落处周围松动的物件和其他尖锐物品，以免进一步伤害。

②要去除伤员身上的用具和口袋中的硬物，防止搬运移动时，对伤员造成伤害。

③如果现场比较危险，应及时转运受伤者。在搬运和转送过程中，颈部和躯干不能前屈或扭转，而应使脊柱伸直，绝对禁止一个抬肩一个抬腿的搬运方法，以免发生或加重截瘫。

④如果现场无任何危险，急救人员又能马上赶到场的情况下，尽量不要转运受伤者。

⑤在对创伤人员进行局部包扎时，要注意对疑似颅底骨折和脑脊液漏的受伤人员，切忌作填塞，以防导致颅内感染。

⑥对颌面部受伤的人员让其保持呼吸道畅通。帮其撤出假牙，清除移位的组织碎片、血凝块、口腔分泌物等，同时松解其颈、胸部纽扣。若其舌已后坠或口腔内异物无法清除时，可用 12 号粗针穿刺环甲膜，为维持呼吸，要尽早进行气管切开手术。

⑦伤员如有复合伤，应要求其保持平仰卧位，解开衣领扣，保持呼吸道畅通。

⑧周围血管伤，压迫伤部以上动脉干至骨骼。直接在伤口上放置厚敷料，绷带加压包扎以不出血和不影响肢体血循环为宜，常有效果。当上述方法无效时可慎用止血带，原则上一般应不超过 1h，并做好标记，注明用上止血带的时间，尽量缩短使用时间。

⑨有条件时，迅速给予伤员静脉补液，补充血量。

⑩发生伤亡事故时，应立即拨打 120 医疗急救电话，说明伤员情况、行车路线，同时安排人员到入场口指引救护车的行车路线，并要安排人员保护事故现场，避免无关人员进入。

四、物体打击、挤压、剪切等事故受伤人员的急救

当人员受到物体打击伤害时，应根据伤者情况，结合现场实际施行必要的处理，抢救的重点是对颅脑损伤、胸部骨折、脊柱骨折和出血进行如下处理。

①要观察伤者的受伤情况、部位、伤害性质，对出血的伤员用绷带或布条包扎止血。

②如伤员发生休克，应先处理休克。如呼吸、心跳停止者，应立即进行人工呼吸，胸外心脏按压。处于休克状态的伤员要让其安静、保暖、平卧、少动，将下肢抬高约 20°，并尽快送医院进行抢救治疗。

③对出现颅脑损伤的，必须让其保持呼吸道通畅。对昏迷者应让其平卧，面部转向一侧，以防舌根下坠或分泌物、呕吐物吸入气管，发生阻塞。

④对有骨折者，应初步固定后再搬运。固定是针对骨折的急救措施，可以防止骨折部位移动，具有减轻伤员痛苦的功效。搬运伤员的目的是迅速、安全地将伤员送到医院，使伤员能得到及时的救治。如果是脊柱骨折，不要弯曲、扭动受伤人员的颈部和身体，不要接触受伤人员的伤口，要使受伤人员身体放松，尽量将受伤人员放到担架或平板上进行搬运。

⑤对有凹陷骨折、严重的颅底骨折及严重的脑损伤症状的伤员，创伤处要用消毒纱布或清洁布等覆盖，用绷带或布条包扎，及时、就近送到有条件的医院治疗。

⑥如发生重大的伤亡事故，应立即拨打 120 医疗急救电话，说明伤员情况、行车路线，同时安排人员到入场口指引救护车的行车路线，并安排人员保护事故现场，避免其他无关人员进入。

五、中暑人员的紧急救护

中暑是以在高温环境下人体体温调节功能紊乱，而引起的中枢神经系统和循环系统障碍为主要表现。除了高温、烈日曝晒外，活动强度过大、时间过长、睡眠不足、过度疲劳等均为常见的诱因。

高温环境下，一旦发现户外活动中有人颜面潮红、呼吸急促、大量出汗、身体摇摆或昏倒，应立即进行现场急救，以免虚脱。选择阴凉通风的地方，让患者就地安静平卧，松开或脱掉他的衣服，用东西将头及肩部垫高，以冷湿的毛巾覆在患者的头上，如有水袋或冰袋更好。将海绵浸渍酒精，或毛巾浸冷水，用来擦拭身体，尽量降低患者的体温到正常温度。然后测量患者的体温或脉搏率，若在 110 次/min 以下，则表示体温仍可忍受，若达到 110 次以上，应停止使用降温的各种方法，观察约 10min，若体温继续上升，再重新给予降温。恢复知觉后，补给一些含盐的水分。

注意观察体征变化（呼吸、脉搏、体温），如果出现血压降低、虚脱时应立即平卧，迅速将其送至医院，采取综合措施进行救治。

六、溺水人员的紧急救护

据统计，溺水死亡率为意外死亡总数的 10%。溺水是由于大量的水灌入肺内，或冷水刺激引起喉痉挛，造成窒息或缺氧，若抢救不及时，4～6min 内即可出现死亡。必须争分夺秒地进行现场紧急救护，切不可急于送医院而失去宝贵的抢救时机。

发现有人溺水，应该立刻进行救援。如果溺水者并未昏迷，救护者应从溺水者的后方向其靠拢，以免被溺水者抱住，无法动弹沉入水中。如果溺水者已经昏迷，救护者可从正面向其靠近。

①当将溺水者施救上岸后，应迅速判断溺水者的意识，可以轻拍其面颊或摇动肩部，高声叫喊以试其反应情况，若无反应，应立即用手指掐压人中、合谷穴约 5s，查看有无反应。

②大声呼救，请其他人员帮助抢救溺水者，同时，立即拨打 120 医疗急救电话。

③让溺水者仰卧躺下，使其背部一定要在平整坚实的地面上，以免影响胸外心脏按压的效果。

④检查溺水者气道有无异物（如淤泥、杂草、呕吐物等），如有应进行清除，没有则用仰头举额法（既嘴角、耳垂的连线与平面垂直）打开气道，以保证在抢救过程中呼吸道始终畅通。

⑤对呼吸已停止的溺水者，应立即进行人工呼吸，每 5s 吹气 1 次；对心跳已停止的溺水者，应立即进行人工胸外心脏按压。如呼吸和心跳均已停止，应立即反复进行人工呼吸和胸外心脏按压，按压（频率为 100 次/min，成人深度 40～50mm，儿童 25～35mm）与吹气之比为 30∶2。每隔 2min（5～6 组）检查一次呼吸和脉搏。

⑥溺水者如有伤口严重出血，应立即进行止血；如有严重外伤，应特别注意保护

脊柱，避免脊柱受伤或受伤加重，造成瘫痪，甚至死亡。

溺水者经现场急救处理，在呼吸心跳恢复后，采取保暖措施，立即送往附近医院。在送医院途中，仍需不停地对溺水者做人工呼吸和心脏按压，以便于医生抢救。

七、碰（擦）伤的紧急处理

碰（擦）伤是一种常见的损伤，受伤的部位大多在膝、肩、肘及手掌、面颊等处，创面大小不等。皮肤受伤后应尽早进行清创处理，越早清洗，越彻底清洗，越能预防感染的发生。清洗完毕后患处不必包扎，立即涂擦一次 0.5％的聚胺酮碘（碘伏），以后每天用聚胺酮碘轻轻涂擦 4～6 次即可，涂擦范围应超过创面范围 2cm 左右，注意保持创面干燥、清洁，最好不要沾水。

皮肤不慎擦破而引起损伤时，最好采用暴露疗效，不必包扎。实践表明，用暴露疗法治疗皮肤擦伤，创面渗液少，易尽快结痂愈合，并且感染发生率极低。加之聚胺酮碘刺激性很少，故不会增加患者痛苦，方法简单、实用、有效，值得提倡。

当有游客发生碰（擦）受伤时，现场工作人员应立即停止设备运行；观察和判断受伤游客的受伤情况；采取正确的现场紧急处理方法；如有出血，应进行包扎止血，伤口包扎的要领是：动作要快；敷料要盖准；不要碰触伤口；包扎要牢靠等，伤口包扎可起到保护创面、固定敷料、防止污染和止血、止痛作用，有利于伤口早期愈合；及时将伤者送医院进一步诊治。

成人伤员外伤出血，当失血量在 800～1000ml 时即 20％，会出现面色、口唇苍白，皮肤出冷汗，手脚冰冷、无力，呼吸急促，脉搏快而微弱等症状，失血量达到 40％以上时就会有生命危险。

第四节　事故处置

一、事故定义

事故是指人们在进行有目的的活动过程中，突然发生了违反人们意愿，并可能使有目的的活动发生暂时性或永久性中止、造成人员伤亡或（和）财产损失的意外事件。

根据 TSG 03《特种设备事故报告和调查处理导则》的规定，特种设备事故是指因特种设备的不安全状态或者相关人员的不安全行为，在特种设备制造、安装、改造、维修、使用（含移动式压力容器、气瓶充装）、检验检测活动中造成的人员伤亡、财产损失、特种设备严重损坏或者中断运行、人员滞留、人员转移等突发事件。其中特种设备的不安全状态造成的特种设备事故，是指因特种设备本体或者安全附件、安全保护罩失效或者损坏，具有爆炸、爆燃、泄漏、倾覆、变形、断裂、损伤、坠落、碰撞、剪切、挤压、失控或者故障等特征（现场）的事故；特种设备相关人员的不安全行为造成的特种设备事故，是指与特种设备作业活动相关的行为人违章指挥、违章操作或

者操作失误等直接原因造成人员伤害或者特种设备损坏的事故。

二、事故分类

根据《特种设备安全监察条例》的规定，特种设备事故分为特别重大事故、重大事故、较大事故和一般事故四个等级。

1. 特别重大事故

特种设备事故造成30人以上死亡，或者100人以上重伤，或者1亿元以上直接经济损失的；客运索道、大型游乐设施高空滞留100人以上并且时间在48小时以上的。

2. 重大事故

特种设备事故造成10人以上30人以下死亡，或者50人以上100人以下重伤，或者5000万元以上1亿元以下直接经济损失的；客运索道、大型游乐设施高空滞留100人以上并且时间在24小时以上48小时以下的。

3. 较大事故

特种设备事故造成3人以上10人以下死亡，或者10人以上50人以下重伤，或者1000万元以上5000万元以下直接经济损失的；客运索道、大型游乐设施高空滞留人员12小时以上的。

4. 一般事故

特种设备事故造成3人以下死亡，或者10人以下重伤，或者1万元以上1000万元以下直接经济损失的；客运索道高空滞留人员3.5小时以上12小时以下的；大型游乐设施高空滞留人员1小时以上12小时以下的。

特种设备事故的界定主要依据死亡（或重伤）人数、直接经济损失和高空滞留时间等三个要素。

三、事故报告

1. 相关要求

发生特种设备事故后，事故发生单位应当立即启动事故应急预案，组织抢救，防止事故扩大，减少人员伤亡和财产损失。事故现场有关人员应当立即向事故发生单位负责人报告；事故发生单位的负责人接到报告后，应当于1小时内向事故发生地的县以上市场监督管理部门和有关部门报告。情况紧急时，事故现场有关人员可以直接向事故发生地的县以上市场监督管理部门报告。

市场监督管理部门接到有关特种设备事故报告后，应当尽快组织查证和核实有关情况。按照《特种设备安全监察条例》的规定，地方市场监督管理部门接到事故报告后，应当立即向本级人民政府报告，同时通报同级有关部门，并逐级报告上级市场监督管理部门直至国家市场监督管理总局。每级上报的时间不得超过2小时。必要时，可以越级上报事故情况。

对于特别重大事故、重大事故，由国家市场监督管理总局报告国务院，并通报国务院安全生产监督管理部门。对较大事故、一般事故，由接到事故报告的市场监督管理部门及时通报同级有关部门。

对事故发生地与事故发生单位所在地不在同一行政区域的，事故发生地市场监督管理部门应当及时通知事故发生单位所在地市场监督管理部门。事故发生单位所在地市场监督管理部门应当做好事故调查处理的相关配合工作。

2. 事故报告内容

报告事故应当包括以下内容：

①事故发生的时间、地点，单位概况以及特种设备种类；

②事故发生初步情况，包括事故简要经过、现场破坏情况、已经造成或者可能造成的伤亡和涉险人数、初步估计的直接经济损失、初步确定的事故等级、初步判断的事故原因；

③已经采取的措施；

④报告人姓名、联系电话；

⑤其他有必要报告的情况。

3. 报告方式

市场监督管理部门逐级报告事故情况，应当采用传真或者电子邮件的方式进行快报，并在发送传真或者电子邮件后进行电话确认。特殊情况下，可以直接采取电话方式报告事故情况，但应当在 24 小时内补报文字材料。

报告事故后出现新情况的，以及对事故情况尚未报告清楚的，应当及时逐级续报。续报内容应当包括：事故发生单位详细情况、事故详细经过、设备失效形式和损坏程度、事故伤亡或者涉险人数变化情况，直接经济损失、防止发生次生灾害的应急处置措施和其他有必要报告的情况等。

自事故发生之日起 30 日内，事故伤亡人数发生变化的，有关单位应当在发生变化的当日及时补报或者续报。

事故发生单位负责人接到事故报告后，应当立即启动事故应急预案，采取有效措施，组织抢救，防止事故扩大，减少人员伤亡和财产损失。

四、事故调查

1. 事故现场保全

发生特种设备事故后，事故发生单位及其人员应当妥善保护事故现场以及相关证据，及时收集、整理有关资料，为事故调查做好准备；必要时，应当对设备、场地、资料进行封存，由专人看管。

因抢救人员、防止事故扩大以及疏通交通等原因，需要移动事故现场物件的，负责移动的单位或者相关人员应当做好标志，绘制现场简图并做好书面记录，妥善保存重要痕迹、物证。有条件的，应当现场制作视听资料。

事故调查期间，任何单位和个人不得擅自移动事故相关设备，不得毁灭相关资料、伪造或者故意破坏事故现场。

2. 事故调查目的和原则

目的：安全监察部门履职的重要手段；研究、认识和遵循规律的重要途径；推动落实安全责任的重要手段；安全教育的重要平台；提高队伍素质的重要载体。

原则：实事求是、尊重科学、客观公正、"四不放过"（即事故原因未查清不放过、责任人员未处理不放过、整改措施未落实不放过、有关人员未受到教育不放过）。

3. 事故原因分类

事故原因是指导致事故发生的多重因素、若干事件和情况的集合。按照事故原因分类可以分为直接原因、间接原因，或者主要原因、次要原因。

直接原因是指物的不安全状态、人的不安全行为或者不安全环境等因素对事故发生的作业程度，直接引起设备失控或者失效的因素，间接原因是指形成事故直接原因的基础因素，形成事故直接原因也有一个或者多个不安全行为，或者不安全条件和管理缺陷等因素对事故发生的作用程度，这种不安全行为，不安全条件或者因素构成事故原因的第二个层次，即事故的间接原因，主要指社会环境、管理，以及个人因素等。

主要原因是指对事故后果起主要作用的事件或者使事故不可逆转地发生的事件，除事故的主要原因外，对事故后果起次要作用的其他影响事件为次要原因。一般事故的次要原因可能有若干个，按照其对事故后果作用的类型进行排序。

4. 事故性质分类

按照事故性质分类可以分为：非责任事故和责任事故。非责任事故包括自然事故和技术事故，自然事故是指由自然灾害引发的事故，受自然力影响超过特种设备设计规范而导致的特种设备失效、损坏或者造成其他损失的事故；技术事故是指因技术不够完善或者设备自然损耗等原因引起，并且是在人所不能预见或者不能避免的情况下发生的事故。

责任事故包括：

①违规、违章、违纪造成的事故；

②可以预见、抵御和避免的事故，但是由于行为（责任）人或者管理者的原因，没有采取预防措施或者预防措施不力造成的事故。

5. 事故调查

特别重大事故由国务院或者国务院授权有关部门组织事故调查组进行调查。重大事故由国务院市场监督管理部门会同有关部门组织事故调查组进行调查。较大事故由省、自治区、直辖市市场监督管理部门会同有关部门组织事故调查组进行调查。一般事故由设区的市的市场监督管理部门会同有关部门组织事故调查组进行调查。

事故调查报告应当由负责组织事故调查的市场监督管理部门的所在地人民政府批复，并报上级市场监督管理部门备案。组织事故调查的市场监督管理部门应当在接到批复之日起 15 日内，将事故调查报告及批复意见主送有关地方人民政府及有关部门，送达事故发生单位、责任单位和责任人员。

事故调查的有关资料应当由组织事故调查的市场监督管理部门立档永久保存，保存的材料包括现场勘查笔录、技术鉴定报告、重大技术问题鉴定结论和检测检验报告、尸检报告、调查笔录、证人证言、相关物证、直接经济损失证明文件、相关图纸、视听资料、事故调查报告和事故批复文件等。

五、事故处理

依据《特种设备安全监察条例》的规定，省级市场监督管理部门组织的事故调查，其事故调查报告报省级人民政府批复，并报国家市场监督管理总局备案；市级市场监督管理部门组织的事故调查，其事故调查报告报市级人民政府批复，并报省级市场监督管理部门备案。

市场监督管理部门及有关部门应当按照相关人民政府的批复，依照法律、行政法规规定的权限和程序，对事故责任单位和责任人员实施行政处罚，对负有事故责任的国家工作人员进行处分。涉嫌犯罪的，移送司法机关依法追究刑事责任。

事故发生单位及事故责任相关单位应当按照相关人民政府的批复，对本单位负有事故责任的人员依照内部规章制度予以处理。应当落实事故防范和整改措施，同时应当接受工会和职工的监督。事故发生地市场监督管理部门应当对事故责任单位落实防范和整改措施的情况进行监督检查。特别重大事故的调查处理情况由国务院或者国务院授权组织事故调查的部门向社会公布，特别重大事故以下等级的事故调查处理情况由组织事故调查的市场监督管理部门向社会公布，依法应当保密的除外。

事故的调查和处理应当坚持事故处理的"四不放过"原则。

六、事故责任

发生特种设备特别重大事故，依照有关规定实施行政处罚和处分；涉嫌犯罪的，移送司法机关依法追究刑事责任。

发生特种设备重大事故及其以下等级事故的，依照《特种设备安全法》的有关规定实施行政处罚和处分；涉嫌犯罪的，移送司法机关依法追究刑事责任。

事故调查中发现事故发生单位及其有关人员有下列行为之一，构成有关法律法规规定的违法行为的，依法予以行政处罚；涉嫌犯罪的，移送司法机关依法追究刑事责任。

①谎报或者瞒报事故的；

②伪造或者故意破坏事故现场的；

③转移、隐匿资金、财产，或者销毁有关证据、资料的；

③拒绝接受调查或者拒绝提供有关情况和资料的；

⑤在事故调查中作伪证或者指使他人作伪证的；

⑥事故发生后逃匿的；

⑦阻挠、干涉特种设备事故报告和调查处理工作的。

附　录

附录1　大型游乐设施典型事故案例

　　近年来，大型游乐设施在运营过程中发生的惨痛事故也为数不少，给社会和家庭都带来了严重的影响和不可挽回的损失，血的教训非常深刻，如果不吸取教训，做好防范，事故也有可能在我们身上再次重演。只有人人重视安全，确实落实安全责任，让安全成为习惯，才能真正保证游乐设施的安全运营，保证广大游客的人身安全。

　　本附录收集了一些大型游乐设施典型事故案例，供大家引以为戒。

一、"世纪滑车"失控致游客死亡事故

（一）事故情况

　　2007年6月30日，安徽合肥某公园世纪滑车游乐项目发生事故。早上，工作人员在对设备进行例行检查时发现2号车厢后端右侧销轴孔钢板断裂，公园副经理接报带4名维修人员赶到现场，在查看后认为销轴孔钢板的材质为锰钢，不能施焊，于是将2号车厢与6号车厢对调。调换工作结束后，进行了三次设备空载运行，操作人员发现设备运行时有异常声响，但维修人员在现场检查并未查出原因。因下雨，维修人员撤离现场。雨停后，操作人员再次自行空载运行设备多次，发现设备运行时仍有异常声响，于是打电话询问维修人员设备是否修好，维修人员回答设备已修好。

　　当天中午，"世纪滑车"开始第一次载客运行，当时共载有7名乘客，当滑车前端运行至接近坡顶最高处时，操作人员发现设备运行异常，立即按下急停按钮，但滑车未能及时在提升段停下来，而是逆向快速下滑，1号、5号和6号车厢车轮脱轨，多节车厢倾翻变形（见图1）。坐在6号车厢的1名乘客受挤压、碰撞致重伤，经抢救无效死亡，另1名乘客被摔出车厢受轻伤。

图 1　事发现场照片

（二）事故原因

此次事故的原因比较复杂。

①在例行检查时已经发现 2 号车厢后端右侧销轴孔钢板有断裂情况，应该考虑到其他车辆有没有类似情况，因此公园方应立即停用该设备，组织维修人员对每辆车都进行彻底的检查，必要时与制造单位联系，请对方派人来检修。

②维修人员将 2 号车厢与 6 号车厢调换，考虑的是将车厢后端右侧销轴孔钢板有断裂的 2 号车放置在车辆尾部，使其不牵引其他车辆以避开断裂处的隐患，但调换后列车的推爪（前行牵引爪）与阻退爪（防倒滑的止逆爪）在整列车中的相对位置会发生变化，维修人员在作业前并未考虑到此因素带来的影响，也没有在调换前咨询制造单位。

③维修人员在对调 2 号与 6 号车辆后，多次的空载试运行均听到异常响声，在异常声音来源未查明、异常情况未排除的情况下，急于载客运营，贸然就投入载客运行。

通常六节编组的列车，牵引爪设置在 1 号车、2 号车、5 号车。若将 2 号车与 6 号车对调，则牵引车的次序变成 1 号车、5 号车、6 号车，列车在提升段彼此间的内力，也由原来的前两车拉、倒数第二节车推拉，相应地变化为头车拉、末尾两车推。当列车的头车接近提升段最高点处，牵引爪与提升链条脱开后，整列车的提升完全靠末尾两车推力，而此时头车还未进入下滑姿态，尚未对 2 号车产生拉力，这与滑车的设计受力状况会有明显差异。

事故调查也证实，事发时正是滑车前端运行至接近坡顶最高处时，操作人员发现设备运行异常，立即按下急停按钮，停机后牵引链条虽然停止，但止逆爪并未立即挂上止逆挡块，滑车开始逆向快速下滑，达到一定下滑速度后，止逆爪在不断跳动中偶尔挂上止逆挡块，但强烈的冲击力撞坏了部分止逆挡块，并使止逆爪变形，止逆装置彻底失效。滑车继续加速倒滑，跳动中的车底架带着推爪、制动片与轨道中间的横梁发生强烈碰撞，致使多节车厢车轮脱轨，最后导致 6 号车厢倾翻变形，导致车厢内乘客发生伤亡。另据调查发现，当值的操作人员并未取得有效的作业人员证书。

综合以上因素，公园的安全管理存在着严重问题，对游乐园的经营者监督管理也不到位。此次事故是一起典型的责任事故，虽然这起事故的直接原因是违章作业导致，但更深层次的原因是企业的安全责任主体没有落实，操作人员不遵守安全规章制度。

对此次事故相关责任人的处理情况：

①当值的操作人员被移交司法机关处理；

②公园主任、副主任分别被处以行政记过处分；

③游乐园经理、维修班组相关人员分别被处以撤职、留用查看、记大过等行政处分。

（三）事故的预防措施

①运营使用单位应加强对设备的维护保养工作，正确制订（或修订）日常检查制度和（或）维护保养作业指导书，严格遵守维护保养操作规程，严禁设备"带病"运行。

②操作人员持证上岗是运营使用单位履行安全管理义务的基本要求，运营使用单位应严格规范游乐设施作业人员的管理，并强化对员工的责任与安全意识教育，落实责任，做到防微杜渐，防患于未然。

③滑车的各节车辆可能存在着细节上的差异，运营使用单位发现车辆出现异常，应当立即停用设备，及时与制造单位联系，未经制造单位同意，不得擅自拆解、调换车辆次序。

④安全投入是游乐设施运营的基本保障，日常维护保养、修理、操作人员培训等费用是保证设备安全运行的必不可少的投入。

二、"狂呼"机构卡死致游客被困事故

（一）事故情况

2011年2月14日，贵州某公园的"狂呼"游乐设施发生事故。设备在运转期间突然卡死，事发后，工作人员迅速疏散了地面座舱内的6名乘客，同时向被困在距离地面32米高的另外6名乘客大声呼喊，要求他们耐心等待救援。与此同时，工作人员开始对设备进行故障排练，并尝试采用手动方式将高空座舱释放到地面，但工作了近1个小时仍未奏效，当时气温仅6℃，随着被困时间持续，乘客情绪几度失控。

19时左右，当地消防部门接报后派出30余名消防官兵赶赴现场展开救援，因登高救援设备无法接近被困乘客，救援工作一度停滞，在被困近4个小时后，气温已降至冰点。22时，赶来增援的流动式起重机抵达后（图2），救援人员才得以登高进行施救，到23时，第一名被困乘客才成功获救（图3），直至第二天凌晨，最后1名乘客在被困7个小时后才安全着地。

图 2　流动式起重机协助救援　　　　图 3　一名乘客获救

（二）事故原因

导致设备卡死的原因为，小齿轮与回转支承齿圈啮合处出现异常；主动齿轮有一个齿出现多处断裂；断裂的齿牙卡住了回转支承齿圈，迫使设备停止运转。而导致本次事件由设备故障升级为事故的原因则是多方面的。

①直接原因：驱动主动齿轮的减速箱（或调速电动机）底座安装处已被焊死，使得工作人员无法通过拆下减速箱（或调速电动机）来将主动齿轮与回转齿圈脱开，因而手动释放机构也无法进行，使救援时间大大增加。

②间接原因：运营使用单位的应急救援预案存在缺陷，而且，齿轮啮合出现问题不可能是毫无征兆的，运营使用单位对该设备的维护保养与日常检查工作显然也是做得不够到位的。

三、"峡谷漂流"游客受挤压致亡事故

（一）事故情况

2011 年 10 月 5 日，浙江某乐园的"峡谷漂流"游乐设施（图 4）发生事故。当设备正在运行时，1 名游客带 2 名儿童乘坐一只漂流筏，当他们到达提升机下端处时，传输带暂时停了下来。2 名儿童以为已经到达终点，就从漂流筏上下来，沿提升机木制传输带向上走。不久之后，操作室内的操作人员从监控器中看到漂流筏已到达传输带下端，就又启动了提升机，此时，在传输带上行走的 2 名儿童已到达传输带最高点附近位置。传输带的突然启动，使 1 名儿童当即从提升机上跳下（未受伤），而另 1 名儿童反应不及，因惯性跌倒后被传输带卷入提升机下（图 5），致身体受挤压后不幸死亡。

图 4　涉事的峡谷漂流

图 5　乘客被挤压处

（二）事故原因

1. 直接原因

当值操作人员严重违反操作规程：

①在待客放筏前未提前启动提升机；

②当载客漂流筏到达提升机下面后，仍未及时启动提升机；

③在开启提升机前，未查看漂流船上乘客状况以及漂流船周围的情况，未确认乘客是否处于安全状态。

另外，站台服务人员未严格按照操作规程的要求向游客讲解安全注意事项，在发现有游客沿传送带往上行走时，既没有及时干预，也未提醒操作人员不要启动提升机。

2. 间接原因

此次事故也暴露了该乐园在安全管理上存在的问题。

①作业人员的安全责任意识欠缺，对员工的安全责任教育与职业技能培训欠缺。

②"峡谷漂流"项目的安全管理存在制度性缺陷，未根据项目需要专设监视屏的监护人员，以至该岗位人员长期缺失。

③安全管理人员对作业人员现场操作的监督不力，对工作任务分配中存在的缺陷失于查究。

四、"挑战者之旅"操作人员被挤压致亡事故

（一）事故情况

2011 年 10 月 6 日，四川成都某公园，"挑战者之旅"（即大摆锤）游乐设施（图 6）发生事故。操作人员（受害者）在设备刚停下，活动站台正在升起，尚未回复到正常位置的时候，就上前去为乘客解开安全带，但走到地面与升降平台钢板的交界边缘时，不慎滑倒，并掉入两块钢板之间的间隙，头颈被收拢运动中的钢板夹住，当场死亡。

图 6　涉事的设备和现场

（二）事故原因

据了解，事故发生当日，公园的游客很多，打算乘坐"挑战者之旅"游乐项目的游客也排起了队。也许是为了减少游客的等待时间，当值操作人员（受害者本人）在设备刚停下，升降平台尚未完全升到位，钢板正处于合拢过程中，就提前踏上去为乘客解开安全带，以缩短乘客离座的时间。但不巧，该操作人员刚好踩上尚未清理的呕吐物，瞬间滑倒并被夹入两块钢板缝隙中死亡。

1. 直接原因

操作人员自我安全保护意识淡薄，未按照操作规程作业。

2. 间接原因

运营使用单位的安全管理存在问题。

①运营使用单位的安全管理责任制未得到有效落实，安全管理人员未经过专项安全培训，未取得安全管理人员资格证书。

②运营使用单位制订的操作规程有缺陷，对操作人员进入升降平台的时间点未进行严格限定。

③运营使用单位疏于现场安全管理，未及时发现和制止操作人员的不安全行为。而作为场地提供方，在平时只注重对游客的安全教育，缺少对作业人员自身的安全防护意识培训和教育。

五、"摩天环车"大臂折断事故

（一）事故情况

2013 年 3 月 22 日，贵州某公园游乐场，"摩天环车"游乐设施发生事故（见图 7）。设备刚启动不久，连接座舱的大臂突然折断，所幸大臂折断处并未完全分离，1 名乘客的脸部撞在大臂上，座舱最后悬停在空中。事发后，公园管理部门人员很快赶到现场，在被困 1 个小时后，3 名乘客被全部解救下来。

图 7　发生大臂折断的设备

（二）事故原因

1. 直接原因

根据事发后的现场照片可判断出导致臂架折断的直接原因是局部失稳，设备的臂架结构先天就存在问题。

2. 间接原因

从开始出现问题，再逐步发展到有一定危险性的阶段，是一个演变的过程，如果在日常检查中认真观察、定期维护保养、工作细心到位，问题和隐患还是能够被提前发现的。因此，公园方对设备的日常管理、安全检查不力，实际经营者的维护保养能力不足，也是导致此次事故的重要因素。

六、"环形过山车"游客高空滞留事故

（一）事故情况

2013 年 6 月 21 日，江苏某公园"环形过山车"游乐设施发生高空滞留事故。载有 11 名乘客的列车在回站前最后一次冲上提升塔架刹车段时，未能按正常流程回站，滞留在了刹车段，同时主控面板报警故障。操作人员立即按下急停按钮，并启动了应急救援措施。第一套救援方案为采用链条放车，由于在操作台尝试进入特殊模式失败；进行了第二套救援方案，采用绞车放车，但用绞车也未能提起列车，第二套救援方案也失败，因此，公园方请求消防部门支援。

接事故报告后，相关部门立即启动突发事件应急救援预案，紧急调来大型云梯式消防车（图8）和救护车。从第一名乘客被云梯车安全转移至地面起，2个小时后，乘客全部安全返回地面。

图8 高空滞留救援现场

（二）事故原因

1. 直接原因

传感器故障导致控制系统无法判断车行方向，系统保护将车停在提升塔架顶部刹车段。

2. 间接原因

该公园虽然建立了应急预案，平时也进行了应急演练，但是应急预案中对紧急情况预估不足，应急救援操作不当，造成自救不能正常进行，致使乘客滞留时间过长，最后导致此次故障被扩大为事故。

七、"极速风车"游客摔落受伤事故

（一）事故情况

2013年9月15日，陕西西安某乐园"极速风车"游乐项目发生事故（图9）。设备启动后不久，在同一排座舱先后有2名乘客从空中掉下来，操作人员反应过来后立即按下了急停按钮，设备渐渐停了下来，此时座舱已上升至6米左右的高处，这一排座舱剩下的另外3名乘客依然保持着倒立姿势，还没等大家缓过神来，坐在中间的1名乘客也被甩了出来，重重地摔在设备的围栏外。医护人员随后赶到现场将受伤游客紧急送往医院救治。

图 9　事故设备

（二）事故原因

1．直接原因

事发前该设备有一组座舱（即发生 3 名乘客先后坠落的那排座位）的安全联锁控制机能已失效。启动时因经常报错，维修人员为使设备能继续运营就解除了该组座舱的压杠锁紧联锁控制，导致设备"带病"运行。

2．间接原因

该乐园在安全管理制度上存在严重疏漏，导致当值作业人员的责任与安全意识淡薄。运营使用单位明知有一排座椅是不能乘坐的，平时站台服务人员引导游客入座时会避开这一排座位，但在这排座位上并未设置有效的提醒文字和警示标志。当天游客较多，站台服务人员忘记了有一排座椅不能乘坐。操作人员启动设备前也未按惯例进行安全装置的检查确认，同样也忘记了那一排座椅，而且安全联锁控制系统并未警示有任何异常，操作人员认为一切正常后，就按下启动按钮，从而导致了事故的发生。

八、"海盗船"伤害事故

（一）事故情况

2014 年 5 月 18 日，江苏某游乐场，乘客在乘坐"海盗船"时，自行压下安全压杠，操作人员在既没有向乘客交代安全注意事项，也未检查安全压杠的情况下，就进入操作室启动"海盗船"。设备运行了几分钟后，计时铃声响起，操作人员按下停机按钮，并启动了制动装置。在设备未停稳的状态下，该乘客就打开安全压杠从座位上站起，因"海盗船"的摆动造成该乘客脚下失稳，摔倒在海盗船和站台中间的空隙中，回摆的海盗船船尾挤压其头部，造成其当场死亡。

（二）事故原因

1. 直接原因

根据现场勘查情况、对有关人员的调查，设备事故技术鉴定报告综合分析认为，海盗船安全压杠失效，不能有效约束乘客的不安全行为，导致该乘客离开运行中的海盗船，造成其站立不稳，跌倒后被海盗船船尾挤压头部当场死亡。

2. 间接原因

游乐场经营者未按国家有关法律、法规和安全技术规范要求，认真执行游乐设施的日常检查、维护保养和隐患排查制度，在制动装置效力减弱和安全压杠失效的情况下未进行检修整改，使设备带病运营。操作人员在海盗船运行前未检查乘客的安全压杠，也未向乘客讲清安全注意事项，未履行好对乘客的安全监护职责，最终导致事故的发生。

九、"狂呼"游乐设施事故

（一）事故情况

2015 年 5 月 1 日，浙江温州某游乐场一台"狂呼"游乐设施发生事故（见图 10），1 名游客在乘坐设备下端座舱时，现场操作人员尚未完成系好安全带，压好安全压杠，设备突然自行转动，该乘客被带到高处后坠落。上端座舱转到站台，将几名正在等待乘坐的游客撞离站台摔至地面。事故发生后 4 名游客立即被送往医院进行抢救，其中 2 名游客经抢救无效死亡，另外 3 名游客受轻伤。

图 10　事故现场

(二) 事故原因

1. 直接原因

事故设备制动器失灵，且上下客时回转臂与立柱中心不重合，致使回转臂自行转动（见图11），是导致本次事故的直接原因。

图11　事故设备制动器

2. 间接原因

①该设备制造单位未制定设备的安装、调试作业指导书，现场安装、调试不规范。

②事故设备的制动器弹簧架刻度线未标注。

③该设备制造单位随机提供给游乐场的产品使用说明书中制动器的调整方法不详细，未制定制动力矩的试验方法，日常检查内容不完善。

④该游乐场管理单位对游乐设施安全运营管理技术不熟练，安全防范意识薄弱，操作人员操作不规范。

3. 主要原因

根据事故调查组的鉴定意见和调查分析，该设备制造单位内部管理混乱，安全责任和安全管理措施缺失，且该游乐设施操作人员在设备回转臂未垂直停放，未调整到位的情况下就进行上下客作业。

4. 次要原因

该游乐场管理单位安全管理制度、岗位责任制落实不到位，对员工的安全教育培训不到位，对事故设备的维护保养不到位。

十、"果虫滑车"游乐设施事故

（一）事故情况

2016年2月8日，广东某乐园"果虫滑车"游乐设施发生事故（见图12）。在设备运行前乘客系上了安全带，当设备运行至最低位弯道时，安全带意外打开，1名乘客从"果虫滑车"上坠落。发现情况后，操作人员采取紧急措施，将设备停下，把受伤乘客送医院抢救，当晚，该乘客经抢救无效死亡。

（二）事故原因

经事故调查组调查、现场试验，并结合技术分析，排除因设备异常、安全带断裂等设备因素，主要原因是该乘客在乘坐"果虫滑车"过程中，因承受不了运动变化的刺激，产生了一些无意识的动作使安全带意外打开，并且无法及时握紧把手或没握把手。导致乘客失去了安全装置的保护和约束，在转弯处因离心力的作用被甩出车外坠落。

1. 直接原因

系在乘客身上的安全带意外打开，且该乘客未能握紧把手或者没握把手等综合因素导致坠落事故。

2. 间接原因

乘客及其家属、操作人员都没有遵守乘客须知，均未能阻止老人乘坐。

图 12　事故设备

十一、"遨游太空"游乐设施事故

（一）事故情况

2017年2月3日，重庆某公园"遨游太空"在运行过程中，1名乘客从座舱内被甩出，撞击游乐设施安全栅栏后（见图13、图14），掉落在平台受伤，经医院抢救无效死亡。

（二）事故原因

1. 直接原因

事故经技术鉴定确认，此次事故的直接原因是游乐设施操作人员未按规范操作；乘客就坐后，护胸压肩式安全压杠未推到位、没有压实；肩部安全带未系紧；腰部安全带也未系。

2. 间接原因

间接原因为管理上的缺陷，主要表现在：

①现场安全管理不到位，经查无安全管理人员；

②操作人员安全教育培训不到位，经查无相关安全教育培训记录；

③相关行业监管不到位，未及时检查和消除安全隐患，经查该游乐场运营三年来，未按要求设置特种设备安全管理机构或配备专职特种设备安全管理人员。

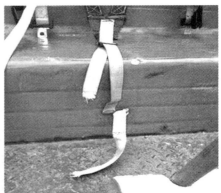

图13 事故现场

图14 事故设备

十二、"飞鹰"游乐设施坠落事故

(一) 事故情况

2018 年 4 月 21 日，河南某公园内 1 名游客在乘坐"飞鹰"游乐设施（见图 15）时，操作人员将安全压杠压下和系好兜裆安全带，但腰部安全带未系，随后启动设备，在设备向后（由西向东）摆动时，由于惯性作用，该乘客身体推开安全压杠，兜裆安全带锁头的缝合处被撕开，从其端部的锁扣中抽出，失去安全保护作用，致使该乘客被甩到设备西北侧护栏上后，又头部触地跌落至水泥地面上。事发后，公园方立即启动应急预案，受伤乘客经送医院抢救无效死亡。

图 15　事故设备

(二) 事故原因

1. 直接原因

根据现场勘查，以及相关部门及调查组对有关人员的调查情况，综合分析认为"事故坐舱安全压杠未锁紧到位，腰部安全带未按要求束缚乘客，裆部安全带从锁头中抽脱"是导致乘客从舱位中被甩落，头部触地死亡的直接原因。

2. 间接原因

①该运营使用单位安全意识淡薄，设备未办理使用登记；未建立安全管理制度，未制定操作规程；未配备专职安全管理人员；未能有效地做好运营前的运行检查、日常检查及故障排除；未能有效对乘客进行安全注意事项提醒。致使事发时，现场作业人员允许体重严重超标的游客乘坐；未对安全压杠和安全带的锁紧状态进行有效确认；未及时发现排除事故舱位验证锁销伸出状态的微动开关失效，裆部安全带锁头中间起

自锁作用的钢制横条缺失；擅自缝合裆部安全带；未按产品使用说明书的建议安全带的更换时间间隔为1年，最终导致事故的发生。

②公园管理部门日常安全监管不到位，未发现乘客须知和安全警示牌中注明对乘客身高、体重等禁忌事项；未设置身高标尺等安全标志；没见该设备的使用登记证，对事故的发生负有日常监管责任。

十三、"滑索"游乐设施乘客坠落事故

（一）事故情况

2018年5月30日，安徽合肥某游乐场"空中飞人"游乐设施（见图16）在运行时发生事故，1名游客不幸从10米高处坠落当场死亡。

图16　事故设备

（二）事故原因和处理

经事故调查，该"滑索"设备检验合格，操作人员证书在有效期内，事故主要原因是操作人员未按操作规程进行操作而造成。

2019年2月14日，此案在合肥某法院开庭审理。据检方指控，涉案操作人员违反操作规定，未按照滑索操作规程为游客讲解和做好安全防范措施，在游客双手握住该滑索第一个滑翔乘具的吊绳准备乘坐时，操作人员未制止游客的行为，便前往操作间启动回收装置的电源按钮，回收左（东）侧的滑翔乘具。由于东、西滑索共用一条回收钢索，当回收东边滑道乘具时，西边滑道的滑翔乘具在尚未解开的回收挂钩带动下向前移动，导致还未穿戴好安全带的游客从滑翔乘具上掉落至一楼平台身亡。

法院审理认为，被告人在生产、作业中违反有关安全管理的规定，发生重大伤亡事故，致1人死亡，其行为已构成重大责任事故罪，犯罪事实清楚、证据确实、充分，

公诉机关指控罪名成立。法院根据被告人的自首情节、对被害人近亲属进行赔偿并取得谅解等情节，依法以重大责任事故罪判处被告人有期徒刑 2 年，缓刑 2 年 6 个月。

十四、"高空飞翔"游乐设施事故

（一）事故情况

2021 年 2 月 16 日，河北一游乐场的"高空飞翔"游乐设施发生故障，35 名乘客被困在距离地面约 10 米的高处。接到报警后，当地消防部门出动登高平台消防车等，赶到现场救援（图 17）。消防人员赶到后，立即联系游乐场负责人，同时协调到场的公安、交警、应急、医疗救护等力量，对现场进行管控，疏散群众，为登高平台车安全作业留下足够空间。

图 17　救援现场

由于当天风力较大、气温较低，为确保安全，救援人员在做好安全加固措施后，携带救援绳索，利用登高平台车上升至乘客被困位置，将他们护送到作业平台，再缓慢降到地面。经过近 3 个小时的营救，35 名被困人员全部安全转移。

（二）事故原因

由于恶劣天气，设备启动了自我保护，导致停机。

附录 2　大型游乐设施作业人员考试大纲（节选）

TSG Z6001-2019《特种设备作业人员考核规则》附件 L 给出了《大型游乐设施作业人员考试大纲》。

1. 大型游乐设施作业人员考试大纲

1.1　大型游乐设施作业人员含义

大型游乐设施作业人员是指从事大型游乐设施修理和操作的人员。

1.2　申请人专项要求

具有相应的大型游乐设施基础知识、专业知识、法规标准知识，具备相应的实际操作技能。

1.3　考试方式

考试分为理论知识考试和实际操作技能考试。理论知识考试应当采用"机考化"考试。实际操作技能考试采取考场实际操作或模拟实际操作的方式。

1.4　理论考试内容比例

大型游乐设施操作人员理论知识考试各部分内容所占比例：基础知识占55%，专业知识占30%，法规标准知识占15%。

理论知识考试，考试题型包含判断题、选择题，考试题目数量为100题，考试时间为60分钟。

1.5　实际操作技能考试内容比例和要求

大型游乐设施操作人员实际操作技能考试各部分内容所占比例：基本操作能力占70%（安全保护装置及附件的操作与检查占40%、安全运行操作占30%），应急处置能力占30%。

操作人员实际操作技能考试，可以根据实际工作需要，按《特种设备生产单位许可目录》中的子项目申请相应作业项目进行考试。

2．大型游乐设施操作人员理论知识

2.1　基础知识

①大型游乐设施操作人员职责；

②大型游乐设施定义及其术语；

③大型游乐设施分类、分级、结构特点、主要参数和运动形式；

④站台服务秩序；

⑤大型游乐设施安全运行条件；

⑥大型游乐设施操作规程；

⑦乘客须知。

2.2　专业知识

2.2.1　安全保护装置及功能检查

①安全压杠；

②安全带；

③安全把手；

④锁紧装置；

⑤止逆装置；

⑥限位装置；

⑦限速装置；

⑧缓冲装置；

⑨过压保护装置；

⑩其他安全保护装置。

2.2.2 操作系统

①控制按钮颜色标识；

②紧急事故按钮；

③音响、灯光、信号、监控装置等；

④风速计、流量计等；

⑤典型大型游乐设施的操作程序。

2.2.3 安全检查

①安全警示说明和警示标志；

②运行前检查内容；

③日检项目及其内容；

④运行记录。

2.2.4 大型游乐设施应急措施

①常见故障和异常情况辨识；

②常用应急救援措施；

③常用急救方法；

④大型游乐设施事故处理基本方法。

2.3 法规标准知识

①《中华人民共和国特种设备安全法》；

②《特种设备安全监察条例》；

③《特种设备作业人员监督管理办法》；

④《特种设备使用管理规则》；

⑤《大型游乐设施安全监察规定》；

⑥其他相关法律、法规、技术标准。

3. 大型游乐设施操作人员操作技能

3.1 安全保护装置及附件

①安全压杠操作与检查；

②安全带操作与检查；

③其他安全保护装置操作与检查。

3.2 安全运行

①运行前的检查及开机操作；

②运行中的规范操作（包括乘客疏导、安全提示）；

③运行结束后的检查及其关机流程；

④运行记录。

3.3　应急救援处置

①常见故障和异常情况辨识；

②常见应急救援措施演练；

③常用急救方法演练；

④大型游乐设施事故处理演练。

附录3　游乐设施常用安全标志

游乐设施的安全标志分为禁止标志、警告标志、指令标志、提示标志等四种图形标志。

一、禁止标志

禁止标志的基本形式及参数应符合 GB 2894 中 4.1.1、4.1.2 的要求。常见的禁止标志，见表 1。

表 1　禁止标志

编号	图形标志	名称	说明	设置范围和区域
1-1		禁止伸出舱外 No stretching out of the cabin	游客不得将头和四肢等伸出座舱外	适用于运行过程中与固定设施间有安全距离要求、采用非封闭座舱的游乐项目，如滑行车、海盗船等。粘贴设置于游客落座时（或落座后）正常视线范围内；单个座舱若有多排座椅，应保证每排座椅的游客在视线范围内都能注意到
1-2		禁止向前蹬踏 No pedaling forward	游客不得将脚伸直蹬踏在前面的靠背上	适用于运行时游客采取坐姿且双脚呈悬空状态、有多节座舱编组、运行速度或加速度特别大的游乐项目，如悬挂式过山车等。粘贴设置于前排座椅椅背，且当游客落座后在其正常视线范围内

续表

编号	图形标志	名称	说明	设置范围和区域
1-3		禁止离座 No leaving seat while running	游乐项目运行期间，游客不得站立和离座	适用于在地面运行、由游客自行操控的游乐项目，如碰碰车、赛车等。 粘贴设置于游客落座后正常视线范围内
1-4		禁止携带 易落物品 No carrying easy to drop out articles	游客不得携带手机、眼镜、钱包、照相机、钥匙等易掉落的物品乘坐（应在进入座舱提前交由场外亲友保管，或储存在站台的临时保管箱内）	适用于运行中会发生翻滚，或者速度较快且运行时有起伏颠簸、左右甩摆的游乐项目，如过山车、魔术风车、惊呼狂叫、大摆锤等。 设置于游乐项目的入口处，高度应位于游客进入时的正常视线范围内
1-5		禁止穿戴长围巾 或留长发者 No putting on long scarf or let longhair	穿戴长围巾、长丝巾，留有披肩长发者不得乘坐	适用于有高速回转部件、座舱非封闭，且座舱无法与高速回转部件完全隔离的游乐项目，如赛车等。 设置于游乐项目的入口处，高度应位于游客进入时的正常视线范围内
1-6		禁止病患人士 或身体不适者 乘坐 Unwell ban	病患人士（如心血管疾病患者）谢绝乘坐	适用于有较强刺激性或者容易导致游客出现生理不适反应的游乐项目，如过山车、探空梭、海盗船等。 设置于游乐项目的入口处，高度应位于游客进入时的正常视线范围内
1-7		禁止翻越 No crossing	游客不得翻越栅栏	重点用于运行速度高、设备运行区内环境复杂的游乐项目，如过山车、自旋滑车等。 设置于运行区域与周围环境隔离开的安全栅栏中上部，多边形栅栏应在每个面至少设置1处，且最大间隔不超过10米；圆形或曲线栅栏应沿法向分布设置，且最大圆周间隔不超过10米

续表

编号	图形标志	名称	说明	设置范围和区域
1-8		禁止攀爬 No climbing	游客不得攀爬登高梯 [该图形标志引用自 GB 2894—2008 表 1 中的 1-18]	用于所有为便于设备日常维护保养和检修而设置的固定式登高梯。 设置于登高梯的地面入口处，高度应位于游客途经时的正常视线范围内

二、警告标志

警告标志的基本形式及参数应符合 GB 2894 中 4.2.1、4.2.2 的要求。常见的警告标志，见表 2。

表 2 警告标志

编号	图形标志	名称	说明	设置范围和区域
2-1		当心伤手 Warning injure hand	注意此区域可能会使手指受挤压致伤 [该图形标志改编自 GB 2894—2008 表 2 中的 2-19&20]	适用于座舱内的游客易触及区域内设有锁紧装置（或相关的机械结构），并有可能使游客的手指因挤压而受伤的游乐项目。 粘贴设置于手指禁入区域点最近的座舱表面，且应处于游客落座后正常视线范围内
2-2		当心站台间隙 Warning station gap	进出座舱时应注意站台间隙 [该图形标志改编自 GB 2894—2008 表 2 中的 2-39]	适用于座舱与站台之间的间隙较大（超过 30mm）的游乐项目。 粘贴设置于游客上下座舱地点、近站台间隙侧的地面（注：游客上下座舱地点无法准确定位的，站台间隙侧必须全程设置警戒黄线）
2-3		当心跌落 Warning drop down	注意不要距站台边缘太近以免跌落站台 [该图形标志改编自 GB 2894—2008 中的图形标志 2-35&38]	适用于站台距地面较高，且站台安全栅栏受游乐设施结构特点限制无法完全封闭的游乐项目，如架空游览车等。 设置于站台栅栏近非封闭端的中上部位置、面向站台内侧，有多处非封闭的，各端均应设置；同时，地面应划警戒黄线

续表

编号	图形标志	名称	说明	设置范围和区域
2-4		当心碰头 Warning head-banging	要注意姿势避免障碍物碰伤头部〔该图形标志改编自 GB 2894—2008 中的图形标志 2-16〕	适用于封闭座舱的出口，例如，摩天轮；以及游客行走通道。 设置于易碰头的障碍物处，且应处于游客的正常视线范围内

三、指令标志

指令标志的基本形式及参数应符合 GB 2894 中 4.3.1、4.3.2 的要求。常见的指令标志，见表 3。

表 3　指令标志

编号	图形标志	名称	说明	设置范围和区域
3-1		必须看护好儿童 Must Supervise your children	儿童必须有成人（监护人）看护	适用于儿童与成人共乘同一座舱的游乐项目，如摩天轮、海盗船、咖啡杯等。 粘贴设置于游客落座时（或落座后）正常视线范围内；单个座舱若有多排座椅，应保证每排座椅的游客在视线范围内都能注意到
3-2		必须扣紧安全带 Must buckled seatbelts tightly	游客必须扣紧安全带	适用于座席设有安全带的大多数游乐项目，如碰碰车等。 粘贴设置于游客落座时（或落座后）正常视线范围内；单个座舱若有多排座椅，应保证每排座椅的游客在视线范围内都能注意到
3-3		必须抓牢把手 Must grasped handle tightly	游客必须抓牢把手	适用于座席设有安全把手（或立柱扶手等）的游乐项目，如海盗船、转马、峡谷漂流等。 粘贴设置于游客落座时（或落座后）正常视线范围内；单个座舱若有多排座椅，应保证每排座椅的游客在视线范围内都能注意到

续表

编号	图形标志	名称	说明	设置范围和区域
3-4		必须压好安全压杠 Must latched lap bars	游客必须压好压腿式安全压杠	适用于座席设有压腿式安全挡杆（或压杠）的游乐项目，如海盗船、自旋滑车等。 粘贴设置于游客落座时（或落座后）正常视线范围内；单个座舱若有多排座椅，应保证每排座椅的游客在视线范围内都能注意到
3-5		必须锁紧安全压杠 Must latched restraint bars securely	游客必须压好并锁紧压肩式安全压杠	适用于座席设有压肩式安全压杠的游乐项目，如过山车、大摆锤、跳楼机等。 粘贴设置于游客落座时（或落座后）正常视线范围内；单个座舱若有多排座椅，应保证每排座椅的游客在视线范围内都能注意到
3-6		必须压紧安全压杠 Must latched restraint bars tightly	游客必须压紧背式安全压杠	适用于设有压背式安全压杠的游乐项目，如摩托过山车等。 粘贴设置于游客落座时（或落座后）正常视线范围内；单个座舱若有多排座椅，应保证每排座椅的游客在视线范围内都能注意到

四、提示标志

提示标志的基本形式及参数应符合 GB 2894 中 4.3.1、4.3.2 的要求。常见的提示标志，见表 4。

表 4 提示标志

编号	图形标志	名称	说明	设置范围和区域
4-1		下滑姿势 Sliding down posture	游客应按照工作人员的指导采取正确的下滑姿势	适用于游客采用平趴且头向下的下滑姿势的水滑梯（或水滑道）游乐项目。 设置于游客下滑出发点，应在游客的正常视线范围内

续表

编号	图形标志	名称	说明	设置范围和区域
4-2		下滑姿势 Sliding down posture	游客应按照工作人员的指导采取正确的下滑姿势	适用于游客采用平躺且头向上的下滑姿势的水滑梯（或水滑道）游乐项目。 设置于游客下滑出发点，应在游客的正常视线范围内
4-3		下滑姿势 Sliding down posture	游客应按照工作人员的指导正确使用乘具、采取正确的下滑姿势	适用于游客使用辅助乘（器）具下滑的水滑梯（或水滑道）游乐项目。 设置于游客下滑出发点，应在游客的正常视线范围内
4-4		入口 Way in	提示游客游乐项目的入口位置［该图形标志选自 GB/T 10001.1—2006 中的图形标志 02］	适用于所有游乐项目。 设置于游乐项目的入口处，标志面朝外，箭头方向与游客进入游乐项目的行进方向一致，高度应恰当（游客途经时的正常视线范围内）
4-5		出口 Way out	提示游客游乐项目的出口位置［该图形标志选自 GB/T 10001.1—2006 中的图形标志 03］	适用于所有游乐项目。 设置于游乐项目的出口处，标志面朝内和朝外同时设置（背靠背），箭头方向应指向游客离开时的行进方向，高度应位于游客行进中的正常视线范围内

参考文献

［1］《中华人民共和国特种设备安全法》（主席令第四号）.

［2］《特种设备安全监察条例》（国务院令第 549 号）.

［3］《特种设备作业人员监督管理办法》（国家质量监督检验检疫总局令第 140 号）.

［4］《大型游乐设施安全监察规定》（国家质量监督检验检疫总局令第 154 号）.

［5］《特种设备使用管理规则》（TSG 08-2017）.

［6］《特种设备作业人员考核规则》（TSG Z6001-2019）.

［7］缪正荣. 大型游乐设施操作员. 北京：中国劳动社会保障出版社，2014.

［8］李向东. 大型游乐设施安全管理与作业人员培训教程. 北京：机械工业出版社，2018.

［9］沈勇. 游乐设施作业与管理. 北京：学苑出版社，2003.

［10］张耀光. 游乐设施安全操作与维修. 北京：中国劳动社会保障出版社，2014.

［11］国家质检总局特种设备事故调查处理中心. 特种设备典型事故案例集. 北京：航空工业出版社，2005.